KB251947

땅·집·Go!

개그맨 윤석주의
좌충우돌 전원주택
만들기 프로젝트

글쓴이_윤석주

땅·집·Go!

초판인쇄 | 1판 1쇄 2016년 12월 05일

글 쓴 이 | 윤석주

펴 낸 이 | 최검열

펴 낸 곳 | 도서출판 밀알

등록번호 | 제1-158호

주   소 | 서울시 강남구 도산대로 154 한성빌딩 3층

전   화 | 02)529-0140

팩   스 | 02)579-2312

ISBN 978-89-418-0296-9(13590)

땅에다 집을 지으러 GO!

세상엔 많은 성공담과 실패담이 있다.

이 책을 쓰는 지금 모든 게 정해지지 않은 상황이지만

나는 내가 그리던 집, 내가 만드는 집에 대한

이야기를 기록해 보려고 한다.

나의 스토리는 성공스토리가 될 수도

실패 스토리가 될 수도 있다.

하지만, 나에겐 일당백의 처자식과

개 두 마리 그리고 현금 1억 7천만 원이 있다.

땅에다 집 지으러 GO!!

Contents

땅 집 Go!

Chapter **02**

전원주택의 삶을 꿈꾸며

Contents

땅집 Go!

Chapter 04

집짓기 공사의 기록들

Chapter

01

어린 시절의 회상

어린 시절의 회상

회색빛 아파트를 떠올리며

어린 시절 강남 8학군에서 자란 나는 다양한 주거 형태 중 사람이 살만한 곳은 당연히 아파트라고 생각했었다. 그리고 주택은 가난한 사람들의 집이란 편견도 가지고 있었다.

그도 그럴만한 것이 내가 살던 잠원동은 두 가지로 분류되어 있었다.

아파트와 팬스라인으로 쳐져 마치 난민촌 같았던 주택단지.

그 당시 주택단지를 떠올리면 판자로 대충 지어진 집과 그 집들 사이로 정리 안 된 흙바닥을 마구잡이로 뛰어다니던 지저분한 아이들이 떠오른다.

그래서 나에겐 사람이 살아야 할 곳은 아파트가 정답이었다.

그렇게 나는 아파트에서 30년 가까이 살았다.

내 나이 마흔을 훌쩍 넘긴 지금, 어린 시절 기억은 온통 회색빛이다. 아무리 뭔가를 끄집어내려 해도 그냥 회색빛이다.

다른 색으로 바꿔보려 해도 시멘트처럼 단단하게 굳어버린 내 머릿속 회색은 쉽게 바뀌지 않는다. 감성적인 영화를 보고 아름다운 애니메이션도 보고, 또 좋은 책을 읽어도 보고, 세계 곳곳 여행을 해봐도 내 머릿속 회색은 카멜레온처럼 잠시 다른 색으로 바뀔 뿐 다시 원래의 회색빛으로 돌아오고 만다.

지하 세계에서 만난 엄청난 놈

개그맨으로 서서히 얼굴을 알릴 때쯤 찾아온 아버지의 사업 실패로 자연스럽게 독립을 하게 되었다.

일단 차를 팔아, 돈이 급한 아버지께 드리고 나에게 남은 건 마이너스 천만 원 통장과 곧 나에게 닥칠 카드값 뿐.

당장 갈 곳 없는 내가 찾은 지역은 방송국과 가깝고 상대적으로 가격이 싼 신길동이었다.

마이너스통장

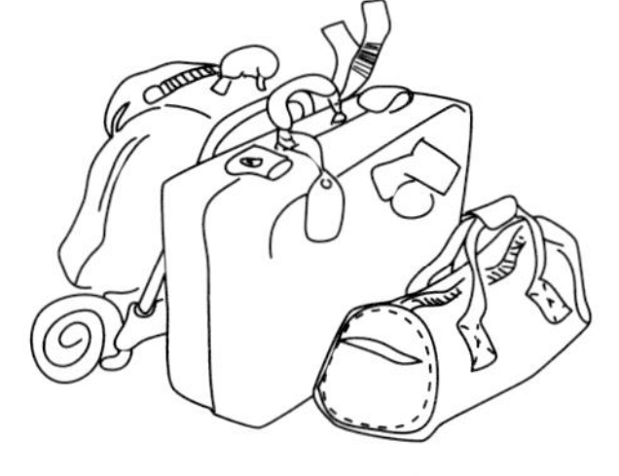

저 *끄트머리*에서 구한 자금은 딸랑 200만 원이

었다. 부족한 자금 사정에 복비까지도 아껴야

하기에 직접 인터넷서핑을 통해 간신히 보증금 200에 월세 30짜리 방을

찾을 수 있었다.

그때 첫 살림은 후배 개그맨인 현재 레옹치과 김영삼 원장에게 SUV를

빌려 옮겼던 1인용 침대 매트리스와 옷가지가 전부였다.

영삼이는 아는지 모르겠지만, 나는 아직까지 그 당시 SUV를 빌려준 걸

엄청 고마워하고 있다.

그렇게 반지하의 삶이 시작되었다.

반지하 구조는 초록색 철문을 열고 계단을 내려가자마자 마주치는 작

은 주방과 문을 열면 혼자 누울 수 있는 크기의 방뿐이었다.

처음 반지하에 들어갔을 때 기억은 십여 년이 지난 지금도 나의 오감에

선명하게 남아 있다.

문을 열자마자 습한 기운이 온몸을 감쌌고 퀴퀴한 곰팡이 냄새가 내 코

끝을 자극했으며 불을 켰을 때 눈에 보이는 건, 벽면을 가득 채운 초록

색과 검은색의 오묘한 조화를 이룬 곰팡이였다.

반지하에 와 본 어릴 적 동네친구가 침울한 표정으로 아무 말 없이 내

손에 5만 원을 쥐어주고 황급히 집으로 돌아가던 기억도 떠오른다.

강남 살 때 그 많던 친구들도 내가 반지하로 이사 온 후 대부분 연락이

끊겼다.

그 이유는 내 모습이 처량하게 생각되어 내가 먼저 연락을 안 한 것도 있었지만 윤석주 인생 끝났다며 만나지 말라고 누군가가 했다는 얘기를 나중에 들었기 때문이다. 씁쓸하지만 이게 현실이고 받아 들여야 했다.

그 당시를 생각하면 가장 먼저 떠오르는 끔찍한 기억이 있다.

어느 날 새벽잠을 자는데 주방에서 부스럭 거리는 소리가 들렸다.

그 소리의 크기는 누군가 반지하에 침입해 여기저기 뒤지며 무언가를 찾는 도둑이 틀림없음을 예감하기에 충분했다.

멋스러운 집도 아닌 나 혼자 누울 수 있는 크기의 신길동 반지하에서 가져갈 게 뭐가 있다고 들어온 것일까?

그래도 목숨의 위협을 느껴 무언가 무기가 될 만한 것을 찾았다. 아무것도 안 보이는 반지하에 살림이라고는 침대와 작은 책상이 전부인데….

바로 그때, 묵직한 그 무언가가 내 손에 잡혔다. 그것은 바로 2000년 KBS신인개그맨 대상 트로피였다.

대상 출신이었기에 망정이지 내가 만약 장려상 출신이었으면 이런 믿음직한 트로피 대신 손톱만한 전자수첩을 들고 있었을 것이다.

살면서 KBS대상 출신인 게 딱 한 번 나에게 큰 도움을 준 셈이다.

대상 트로피는 유리로 만들어져 무게도 꽤 나가고 길쭉해서 이걸로 내려치면 최소한 기절일 것이다.

한 손엔 묵직한 트로피를 꽉 움켜쥐었고, 또 한 손은 부엌의 불을 켜기 위해 스위치에 손을 올렸다.

내 방에 불을 켜지 않고 부엌 쪽만 불을 켜면, 도둑이 순간 놀라고 갑작스런 불빛에 눈의 동공이 순식간에 작아지며 앞이 안 보일 테고, 정신을 차릴 때쯤 어둠 속에서 번쩍이는 트로피를 들고 나타나는 빡빡이를 보면 겁을 먹을 것이다.

'이놈의 좀도둑 조금이라도 움직이면 영예의 대상 트로피로 머리를 내려찍어 줄 테다!'란 생각을 했지만 사실 나도 엄청난 공포에 온몸이 굳어 있었다.

그 순간 부스럭거리는 소리가 더더욱 커졌다. 무언가를 발견한 모양이다. 이제는 더 이상 미룰 수 없었다. 너무나도 무섭지만 '에라, 모르겠다'라는 심정으로…. 전광석화 같은 속도로 부엌에 불을 켜고 동시에 문을 열며 소리쳤다.

"뭐야…!"

한 평도 안 되는 주방은 대번 눈에 들어왔다.

"엥?"

아무것도 없었다. 그렇게 큰소리로 부스럭 거렸는데….

아무것도 없다.

꿈이었나? 아님 헛것이 들린 것인가?

내 손에 들고 있는 트로피가 부끄러운 순간, 또다시 시작된 부스럭 소리 그 소리를 향해 눈을 돌리니 왼쪽 밑 쌀 포대자루 위에 무언가가 있었다.

나의 동공이 초점을 맞췄을 때 나는 다시 소리치고 말았다.

쌀 포대자루 위에서 부스럭 소리를 냈던 건 바로 시커먼 쥐었다.

그 쥐는 성인 주먹 세 개 정도의 엄청난 크기였고 순간 시커먼 몸통 사이에서 유난히 반짝거리는 바리오닉스 같은 눈과 나의 눈이 마주쳤다.

온몸에 소름이 끼치고 징그러운 쥐가 내 방으로 들어올까 두려워 황급히 방문을 닫고, 순간적으로 머릿속에 쥐와 나 사이에 일어날 수 있는 여러 가지 상황을 시뮬레이션으로 떠올리며 각각의 대처방법을 떠올리기 시작했다.

부스럭거리는 소리는 커졌다 작아졌다를 반복하더니 얼마나 시간이 흘렀을까 마침내 멈춰버렸다.

다시 대상 트로피를 움켜쥐고 문을 빠끔히 열어보았다. 다행히 쥐는 없었다.

일단 그 녀석이 돌아다닌 주방에 락스 100통을 부어가며 소독하고 싶었다. 그나저나 쌀 포대자루가 많이 비어 있는 걸 보니, 나 따위는 신경도 안 쓰고 양껏 포식 후 유유히 떠난 게 분명했다.

늦은 새벽이었지만 또다시 찾아올 가능성이 농후한 반지하 불청객 까만 쥐의 출입경로를 차단하기 위해 주방을 천천히 스캔해 보았다. 그리고 바닥에 무슨 용도인지는 잘 모르겠지만 두 개의 파이프가 박혀 있는 걸 뒤늦게 발견했다.

나는 당장 편의점으로 달려가 청테이프를 사다가 뻥 뚫린 파이프를 꽁꽁 싸맸다.

하지만 그날은 아침까지 잠이 오지 않았다. 그 이후에도 잠을 자다 무슨 소리만 나면 허기진 까만 쥐가 주방으로 들어오려고 청테이프를 사정없이 긁고 있는 동영상이 내 머릿속에 재생되며 온몸에 닭살이 돋고,

있지도 않은 머리카락이 곤두서는 일이 비일비재했다.

아침에 쥐가 먹던 쌀은 1818하며 그 부위를 덜어내고 나머지는 내가 먹었다.

그 당시 많이 힘들었던 시절이라 어쩔 수 없었다. 그리고 그때부터 나의 투철한 절약정신은 시작되었다.

요즘도 내가 힘들 때면 '200에 30에서 까만 쥐와도 살았었는데…'하며 나를 추스르곤 한다.

멀고 먼 반지하의 탈출

열심히 활동해서 반지하 생활 1년 만에 보증금을 올려 더 좋은 곳으로 이사할 수 있었다.

그곳은 보증금 1000에 월세 20, 월세의 부담이 줄어들게 되었다. 그래도 반지하였다. 하지만 방이 두 개나 있고 잠깐이지만 아침에 따사로운 햇빛이 들어오는 쾌적한 반지하였다.

이사는 했는데 그 전에 살던 반지하에서 보증금 200을 못 받은 상태였다. 세입자의 삶이 처음이라 보증금은 계약이 끝나는 2년 후에 받는 줄 알았다.

그리고 내가 살던 반지하 위에 살고 있던 주인집아주머니도 돈이 없다며 돈이 생기면 준다고 말씀하셨고, 나는 그냥 그게 원래 그런 줄 알았다.

그러다가 우연히 그 집 근처를 지나가다 주인집 아저씨를 만났다.

"이사는 잘 갔어?"

"네."

"보증금은 받았지?"

"아뇨, 아주머니께서 돈이 없으시다고…."

"뭐? 이느므 미친 ㄱㅈㄷㅎㄴㅂㅁㄴ…."

하시며, 주인집 아저씨는 부리나케 집으로 들어가시고 우당탕탕 한바탕 소리가 나더니 잠시 후, 한 손으로 눈 부위를 움켜쥐고 시뻘건 얼굴을 한 아주머니께서 다른 한 손에는 현금으로 200만 원을 들고 나오셨다.

난 돈을 못 받은 피해자였던가 아니면 아주머니 눈을 밤탱이로 만든 가해자인 건가?

진심으로 몸 둘 바 몰랐지만, 내 돈이기에 200만 원을 받아 집에 왔다.

내 인생에서 보증금 반환의 계기를 통해 말조심을 해야겠다는 다짐을 하게 되었다.

그리고 나의 두 번째 반지하에도 약간의 문제는 있었다.

3층에 사는 주인집에 주인부부 말고 40대의 아들이 있었다. 그런데 그 아들은 남들보다 정신연령이 떨어지는 듯 했다.

외모는 두꺼운 뿔테안경을 쓰고 100킬로를 넘는 듯한 큰 덩치에 목소리는 상당히 하이톤이었다.

그 자체는 문제가 되지 않았으나 내가 살던 반지하 안방에서 보면 남쪽으로 창이 나 있었는데 반지하다 보니 천장에 가까운 창이었다. 그런데 주인집 아드님이 자주 거기 쭈그리고 앉아서 나를 내려다보곤 했다.

물론 무슨 의도가 있는 것 같지는 않았지만, 그 모습을 정확히 묘사하자면 그분께서 쭈그리고 앉으면 땅바닥에서 무릎 정도  높이의 창문이 있는데, 그 안을 바라보게 되면 민머리 개그맨이 침대에 누워 있는 모습을 조감도 형식으로 볼 수 있다.

가끔 그 모습이 주인집 아주머니에게 발각되어서, "너 여기 좀 앉아 있지 마." 하면서 등짝 스매싱을 당하는 것도 몇 번 보았다. 그래도 어김없이 매일 아침밥을 드시고 그 자리에 앉아 내가 곤히 자는 모습을 감상하신다.

거의 1년간 매일 아침저녁으로 나를 지켜보는 눈빛!

처음엔 불편했으나 나중엔 나를 쳐다보는 무표정의 관객이라 생각하며 희로애락의 표정을 지어 보기도 하고, 당시 개그콘서트와 폭소클럽을 하고 있어서 그분 앞에서 대본연습을 해보기도 했었다. 근데 단 한 번도 웃지 않고 끝까지 무표정으로 나를 쳐다보신다.

개그맨 생활 중에 내가 못 웃긴 사람은 그분 한 분이었을 것이다.

가끔은 심심할 때 눈싸움도 해보았다. 그런데 신기한 건 눈싸움에선 항상 내가 패배했다는 사실이다. 게임을 하고 있다는 걸 알고 깜빡이지 않는 건지 항상 내가 깜빡인 다음에 깜빡였다.

창문을 사이에 두고 있었지만 서로 맘이 통했던 모양이다. 그래도 창문을 가릴 수가 없었던 이유는 그 창문으로 아주 환하고 밝은 빛이 들어오면서 집 안이 뽀송뽀송 개운할 정도로 밝혀졌기 때문이었다.

연예계의 씁쓸한 기억들

열심히 돈을 모았다. 진짜 열심히 살았다!

좀 많이 찌그러졌지만 중고 경차도 구입했다. 정확히 말하자면, 중고는 중고인데 캐피탈회사에서 돈을 못 갚으면 차를 압류해서 보관을 하는데 그 차를 돈을 주고 두어 달 빌리는 형태였다. 그래서 가끔 공무원들이 자동차 번호를 확인해보고 세금이 밀렸다고 번호판을 떼가는 일도 있었다. 그럼 구청에 가서 돈을 내고 찾아오기도 두어 번.

이 사실을 들은 짠돌이로 소문난 개그맨 선배가 선뜻 지갑에서 10만 원을 꺼내주며 발등에 떨어진 불부터 끄라고 했다.

너무 고맙고 감동해서 그 선배가 시키는 건 뭐든지 하고 싶은 복종심까지 생겼다.

바로 그때, 그 선배가 나에게 연예인으로서 부업이 있어야 한다고 제안해 왔다. 가만히 있어도 돈을 벌 수 있는 사업을 소개한다며 나를 어떤 사무실로 데려갔다.

나중에 알고 보니 다단계 사무실이었다. 얼마 후 카드결제로 수백만 원을 결제하게 되고 곧바로 반지하에 엄청난 양의 비타민 같은 것들이 도착했다.

몇 달간 계속 카드결제가 되었고 그때서야 '당했구나!'란 생각이 들었다. 그래서 느꼈다.

'이 세상에 공짜는 없구나!'

10만 원 받고 수백만 원 결제했다.

아직까지 그 선배에게 묻고 싶다.

'돈 없어 반지하에 살면서 자동차 번호판까지 빼앗기는 후배에게 꼭 그래야만 했냐고?'

여하튼 찌그러진 경차를 몰고 연예인으로서 행사를 가는 건 많이 창피했다. 그래서 행사장 한 정거장 정도 전에 차를 숨기고 택시를 타고 가서 행사를 하곤 했다.

주최 측도 돈을 주고 나를 쓰는 입장에서 다 찌그러진 차를 타고 온 연예인보다 차라리 택시를 타고 온 연예인이 나을 것이란 생각이었다.

그 당시 ○○대학교 축제 MC를 보러 갔는데, 약속된 시간보다 초대가수가 늦는 것이었다. 주최 측에선 나에게 사정사정을 하며 시간 좀 끌어달라고 했다. 어쩔 수 없이 내가 1시간 동안 학생들과 놀아줘야했다. 게임도 하고 내가 알고 있는 재미난 애기도 하고, 여하튼 힘겹게 시간을 때우고 있을 때 뒤늦게 등장한 초대가수가 미안하단 말도 없이 내 마이크를 빼앗으며, "내려가세요. 내가 알아서 하게…."라고 했다.

늦었으면 사과가 먼저 아닌가?

연예인 생활에서 비참했던 순간이 어디 이뿐이겠냐!

개그맨 조세호와 콤비를 이루어 양배추와 낙지라는

개그듀오를 할 때 연예인들의 미팅프로그램에 잠시 출연해 짧은 개그를 하는 역할을 맡았었는데 청순한 이미지의 영화배우인 ○○○양이 우리의 개그를 보더니 녹화를 잠시 끊었다.

나이도 어린 여자가 자신보다 나이와 연륜이 훨씬 많은 감독과 PD작가들 수십 명을 순식간에 멈춰 버리더니 하는 말, "이런 것도 웃어줘야 해요?"

스텝들도 찍소리 못하고, "○○○씨 그냥 편하게 웃어주세요."라고 하더라.

뒤에서 작가 한 명이 나지막한 목소리로 "○○년 아니야?"라며 나를 보듬어 준다.

물론 못 웃긴 우리 잘못도 크지만, 그래도 예의상 그냥 웃어 주었다면….

그때 느꼈다. 연예인으로 살기 위해선 떠야 한다. 하지만 난 얼굴만 누렇게 떴다….

반지하 시절 또 한 가지 생각나는 건, 나뿐만 아니고 참 많은 개그맨들이 거쳐 가는 곳이 바로 신길동이었다. 그 이유는 지방에서 올라온 개그맨들이 저렴한 가격에 집을 구할 수 있는 동시에 여의도와 아주 가깝기 때문이었다. 그리고 밤마다 신길동 전봇대 곱창집에는 스타를 꿈꾸는 개그맨들의 개그열정이 곱창과 함께 지글거렸다.

전날 밤 곱창집에서 열심히 짰던 아이디어는 소주와 함께 숙취로 남고 아침에 KBS개그콘서트 회의를 위해 집을 나설 때면 정형돈, 이수근 같은 후배들이 길에서 택시를 잡고 있었다. 요즘은 방송국까지 기본요금보다 조금 더 나오는 정도지만 그 돈조차 없었기에 후배들한테 "선배님 같이 가시죠"라는 말을 듣기 위해 일부러 약간 오버 섞인 인기척을 하며 후배들이 지불하는 택시를 여러 번 얻어 탔었다.

개그맨뿐만 아니고 개그맨 지망생도 함께 공존하는 곳이 신길동이었다. 밤에 포장마차에서 술 한 잔하고 있으면 개그맨 지망생으로 보이는 사람들이 나를 존경의 눈빛으로 바라보며 눈도 제대로 마주치지 못하며 인사를 90도로 하곤 했었다.

그 중 머리가 큰 Y란 개그맨도 지망생 시절 나와 신길동에서 술 한 잔 했었다.

나보다 나이가 많은 Y한테 나는 형이라 불렀고 Y는 나한테 깍듯하게 선배님이라 불렀었다. 나이가 많은데 아직 데뷔도 못하고 큰 덩치에 축 쳐진 어깨는 불쌍해 보였었다.

다행히 얼마 후 Y는 정식 공채개그맨이 되었고 어느 정도 인지도도 갖추게 되었다. 그리고 사람들이 많은 공간에서 오랜만에 만나게 되었다.

나를 본 Y는 한 손을 번쩍 올리며, "어~~~ 석주야~~~."

답답하고 습한 반지하에 살면서 내 인생도 답답하고 습해지는 듯했다. 그래서 주거환경에 대한 바람이 생겼다.

그 바람은 2층 이상의 높은 곳에서 창문이 아주 커서 따뜻한 햇살도 받고 동네 경치가 한눈에 보이는 시원한 방에서 사는 것이었다.

그 당시 나는 매니저에게 2층에 창문이 넓은 집을 찾아달라고 부탁했다. 여기저기 부동산을 뒤졌는지 전화가 왔다.

"형, 대박 집 찾음…. 집 보러 갑시다."

역시 믿을만한 매니저 덕분에 발품도 팔지 않고 좋은 집을 얻게 되었다. 매니저와 부동산 중개인과 함께 2층으로 올라갔다. 집도 꽤 넓고 시원했다. 그리고 내가 진정 바라던 광활한 창문도 있었다.

"우와! 신난다"하며 창문으로 다가가 커튼을 치고 창문을 여는 순간, 시뻘건 벽돌이 내 눈앞에 따악…. 바로 앞이 다른 건물의 뒤통수였다. 그 거리는 1미터도 안 되는 아주 가까운 거리였다.

좀 더 묘사하자면 광활한 창문을 열면 바로 앞은 다른 건물의 빨간 벽돌로 가로막혀 있고 위를 보면 건물과 건물 틈새 사이로 하늘이 조금 보이고 밑에는 쓰레기가 가득 있는 모습이었다.

반지하 탈출 실패. 돈을 좀 더 모으자!!

힘겨웠던 반지하 탈출 스토리

돈을 좀 더 모았다. 그래도 이사 가기엔 돈이 많이 모자랐다.

그 당시 개그맨 선배이자 친한 형이 나와 소주 한잔 기울이다 선뜻 말을 건넸다.

"우리 집 담보로 돈을 빌려줄 테니깐 무조건 지하는 탈출해. 나도 지하에서 오래 살아봤지만 지하에 있으면 하는 일도 계속 고꾸라지는 듯한 기분이 들고 기운도 안 좋아."

가족도 못 도와주는 현실에서 내가 모자란 돈 1천5백만 원을 빌려준다니

너무나도 감사했다. 그래서 신축오피스텔을 발 빠르게 계약하고 선배 형에게 전화를 하니, 은행대출 담당자 보고 직접 전화하라고 했다.

그래서 은행직원에게 그 형의 번호를 알려주고 전화를 해보라고 했다. 그리고 잠시 후 은행직원이 나에게 전화해서 아리송한 목소리로 이런 얘기를 했다.

> 은행직원 : "그분이 자꾸 이상한 주소를 알려주시고 없는 주소를 알려주시네요."
>
> 나 : "그럴 리가 없는데요? 그 형 진짜 얼마 전에 부모님이 아파트 사주셨어요."

그리고 다음날 다시 전화가 왔다.

> 은행직원 : "○○○씨 아파트 주소를 제대로 받아서 조회해봤더니 담보가 불가능합니다."
>
> 나 : "……"

그럴 리가 없다. 절대 그럴 리가 없다. 얼마 전에 분명 또렷하게 그리고 자신 있게, 거기다 나를 위하는 진실한 모습으로 나에게 지하를 탈출할 수 있는 자금을 빌려주기로 얘기했었다. 이건 분명히 은행직원이 뭔가 착각하는 것이다.

자초지종을 묻기 위해 그 형에게 전화를 했다.

나 : "형. 형 집으로 담보나 대출이 불가능한데…."

돈 빌려준다던 형 : "야, 다시는 돈 관계로 전화하지마."

나 : "……."

내가 빌려달라고 한 적도 없고 본인이 빌려준다고 나보고 자신만 믿고 지하를 탈출하라던 사람이 일주일도 안 되어서 싸늘하게 돈 애기하지 말란다.

수년 후 그 형과 방송프로에서 만났을 때 내가 단도직입적으로 그 당시 왜 그랬냐고 캐물었다. 그랬더니 처음엔 기억이 안 난다고 하더니 마침내는 솔직하게 그 당시 엄마가 빌려주지 말라고 했단다. 마흔을 훌쩍 넘긴 사람 입에서 엄마라는 뜻밖의 등장인물이 나오니 내가 더 이상 할 말이 없었다.

많이 배웠다. 돈은 절대 빌리지 말자. 태어나서 딱 한 번 돈을 빌리려 했던 경험인데 이렇게 처참하고 비굴해질 줄이야. 다행히 개그맨 권영찬 선배 덕에 급한 돈 1천500만 원을 빌리게 되었고, 그 돈도 한 달 반 만에 갚았다. 그 이후로 단돈 1원도 빌려본 적 없다.

우여곡절 끝에, 드디어 반지하를 탈출 할 수 있게 되었다.

3년간의 고생을 한 번에 보상받는 듯한 신축 주상복합 오피스텔! 그것도 천장이 높아 시원함이 더해지는 복층 오피스텔이었다. 복층으로 높은 벽의 전체가 창문으로 되어 있어 개방감도 엄청 좋았다. 그리고 깔끔한 싱크대와 빌트인으로 에어컨, 냉장고, 드럼세탁기가 나의 삶을 더욱 윤택하게 만들어주었다. 친구들을 초대해도 더 이상 창피하지 않았다.

그 당시 한동안 밖을 나가지 않을 정도로 행복했다.

주상복합 오피스텔은 외부생활도 편리했다. 1층엔 편의점과 식당들도 있어서 생활이 편리했고, 술 한 잔하고 집에 들어간 다음날은 간편하게 1층 본죽에서 버섯굴죽을 먹곤 했다.

훗날에 다른 지점이지만 본죽 딸내미와 결혼할 줄은 그땐 몰랐었다. 지금도 예전을 생각하며 가끔 장모님께 버섯굴죽을 끓여달라고 한다.

그리고 겨울…. 생각지도 않았던 오피스텔의 비극이 시작되었다. 보일러를 계속 돌리고 돌려도 19도가 넘지 않았다. 관리실에 몇 번이고 따져봤자 보일러에 문제가 없다고만 하고 어쩔 수 없다고만 했다. 대기업에서 만든 오피스텔이라 믿었는데….

겨울은 차라리 반지하가 낫다. 반지하는 겨울엔 따뜻하고 여름엔 시원했다.

누구를 탓하기보다 방법을 찾자…. 그래서 찾은 방법이 고작 전기장판을 깔고 그 안에서 몸을 뒤집어 데워가며 잠을 자는 것이었다. 그리고 시간이 흐르고 왜 그 오피스텔이 그리 추웠는지 알게 되었다.

그 이유는 바로 창호에 있었다. 광활한 창호는 아무리 1등급 운운해도 춥고 더울 수밖에 없다. 그리고 무엇보다 혼자 사는 총각에게 힘들었던 건, 윗집인지 옆집인지 어디선가 벽을 타고 들어오는 기괴한 소리였다.

매일 밤마다 들리는 격렬한 소리. 우당탕거리며 싸우기라도 하면 경찰에 신고라도 하는데, 서로 사랑을 하는 건 경찰에 신고하기도 애매했다. 그냥 매일 밤마다 그 소리를 듣는 수밖에 없었다.

여하튼 누군지는 모르지만, 소리만 들어도 힘 하나는 끝내주는 사람인건 확실하다.

그 소리는 몇 년간 거의 매일 계속되었고, 나중에는 그 소리가 시작해서 끝나는 시간을 초시계로 재어보며, 남자로서 부러워했었다. 그래서 느꼈다. 아무리 브랜드 오피스텔이라 해도 방음은 최악이다.

다시 돌아온 회색빛 아파트

돌고 돌아 다시 아파트의 삶이 시작되고, 결혼을 하고 아기도 생겼다. 내가 살던 아파트는 신축아파트라 그런지 조경도 예쁘고, 놀이터도 잘 되어 있고 땅거미가 지면 개구리들이 합창을 하는 아파트였다. 그 소리를 들으며 잠을 잘 때 정말 꿀잠을 잤었다. 그런데 어느 날 개구리 합창단이 사라졌다.

그 이유를 들어보니 누군가 개구리 소리가 시끄럽다고 관리실에 이야기를 했고, 관리실에서 약을 쳤는지 뭔 짓을 했는지 아파트에서 더 이상 개구리들은 합창을 하지 않았다.

그리고 아파트에서 애를 키우며 제일 어처구니가 없었던 건, 어디 아파트는 경비가 젊고 인사도 깍듯한데 우리 아파트는 늙은 경비가 제대로 인사도 안 한다는 둥, 옆에 아파트가 임대아파트라는 둥, 임대아파트 사는 애들이랑 같은 유치원에 보내기 싫다는

등, 심지어 임대아파트 아이들이 우리아파트 놀이터에 출입하는 걸 막아야 한다는 막말도 서슴지 않던 애엄마도 보았다.

부모의 갑질은 아이들에게도 대물림되어 내 장난감은 국산인데 너의 장난감은 중국산이라서 같이 놀지 못하겠다며 놀이터에서 친구를 대놓고 왕따 시키는 모습도 봤다.

이런 식의 편견이 만연한 아파트 숲 속에서 서서히 내 딸의 머릿속도 나의 어린 시절처럼 회색으로 변하는 듯했다.

학창시절 '토토로'라는 애니메이션을 보며 내가 자식을 낳으면 숲 속을 뛰어다니는 메이(극중 인물)처럼 키우리라 다짐을 했었다. 와이프에게 토토로를 보여주었다.

나 혼자만의 선택으로는 전원생활의 실현이 불가능하다. 다행히 와이프도 나의 의견을 존중하고 따라준다.

그럼 저지르자!

핑크색으로 치장을 하고 머리를 예쁘게 묶어 보아도
"아들이에요???"

나무로 감추려 해도배경은 회색.
모델이 살린 사진이라고 와이프가 말함.

교감이란 제목으로 사진공모전에서 입선을 함. 교장이라고 했으면 더 좋은 상을 받았으려나?

Chapter
02

전원주택의
삶을 꿈꾸며

전원주택의
삶을 꿈꾸며

꿈을 꾼 대가를 치르다

꿈은 꾸라고 있는 것이 아니라 이루어지라고 있는 것이다. 그리고 나는 꿈을 이루었다.

꿈에 그리던 신축 전원주택에 입주하게 된 것이다.

전원주택단지 안에 자리 잡은 우리 집은 160평 부지에 40평에 가까운 2층집 전원주택이었다.

시공업자는 자신을 프로라며 단열 성능은 최고로 좋은 주택이라 자부했다. 특히 창호가 수천만 원대의 독일식 창호로 고급저택에나 들어가는 1등급 창호라며 어마어마한 자신감에 차 있었다.

집을 짓는 와중에도 내가 살 집이기에 공사현장을 몇 번 찾아갔었다. 그런데 신기한 건 공사하는 사람은 항상 없고, 집 짓는 순서도 모르는 내 눈에도 많이 더뎌 보였다. 업자는 걱정 말라며 곧 공사가 깔끔하게 마무리될 것이라고 했다.

불안하긴 했지만 집 짓는 것에 대해서는 문외한인 나와 우리 가족은 믿을 수밖에 없었다.

입주 일주일 전에 공사현장에 갔을 땐, 수십 명의 인부가 마치 떨어진 사탕에 개미군단이 꼬이듯 몰려들어 작업을 했다. 그렇지만 입주 날짜를 맞추지는 못했다.

덕분에 우리 가족은 캠핑장에서 1주일 이상 살게 되었다.

말이 좋아 캠핑장이지, 캠핑을 즐기지 않는 우리 가족에게는 노숙이나 다름없었다.

천신만고 끝에 입주는 했지만, 입주할 때부터 시작된 전원주택의 저주는 막을 수 없었다.

벽지는 서서히 들뜨기 시작하고, 지하수도 아닌데 수도에서 흙탕물이 나오고, 마당은 여기저기 땅이 패이고, 마당에 깔려 있는 데크가 가라앉기 시작했다. 세면대의 물은 도무지 빠지질 않고, 신발장 조명은 꺼진 채로 들어오지 않고(조명 자체를 갈았는데도 1주일도 안 돼서 또 불이 나가 버린다), 화장실에선 시도 때도 없이 온몸을 불편하게 만드는 악취가 올라오고(향수를 뿌리고 팬을 밤새 돌려도 소용이 없다), 이 모든 걸 시공업자에게 애기하고 수천 번 고쳐달라고 해도 알겠다는 대답만하고 1년간 고쳐주지 않았다.

심지어 업자가 엄청 따뜻할 거라 자부했던 집이 겨울엔 기름을 퍼부어

보일러를 돌려도 파카를 입고 살아야 할 정도로 추운 집이었다.

기름이 떨어져서 주유소에 전화해서 기름을 시키면 주유해주시는 분이, "아니 얼마 전에 넣고 또 넣으시는 거예요?"라고 했다.

내 주변 어르신들께선 전원주택은 비만 안 새면 성공한 것이라고 하셨다. 물론 올해 연세가 70이 넘으신 분들의 말씀이다.

설마 요즘 세상에 집 천장에서 비가 샐 거라는 건 단 1프로도 상상해본 적이 없다. 기우로만 생각했던 일이 벌어졌다.

비가 오면 마루 천장에서 방울방울 빗물이 맺혀 떨어지기 시작했다. 양동이를 가져다 놓으면 밤새 물 떨어지는 소리에 잠을 이룰 수가 없었다.

그래서 업자에게 비가 새니 고쳐달라고 하니 알겠다고 하고 오지는 않았다. 1년간 몇 번을 얘기했는지 모른다. 그래도 안 온다!

좋게좋게 말을 해도 안 오고 화를 내도 안 오고, '도저히 못 살겠다'고 난리를 치니 못이기는 척 방문을 해주셨다.

어렵게 왕림하신 업자께서 집안을 쓱 둘러보더니 집 외부 여기저기에 실리콘을 쏘고 가신다. 이제 천장에서 절대 비가 방울방울 떨어지지 않을 거란다.

전문업자의 말이니 믿어야지!

그리고 얼마 후 비가 왔다. 전문가의 손길이 닿아서인지 전문가의 예견이 맞았다.

천장에서 더 이상 비는 방울방울 떨어지지 않았다. 대신, 천장에서 비가 주룩주룩 떨어지기 시작했다.

방울방울에서 주룩주룩으로 바뀌면서 천장에서 새는 빗물의 양이 현저히 많아지고 빗물을 받아내는 양동이의 물을 비워내느라 밤새 잠을 자지 못했다.

이젠 화낼 힘도 없다. 마지막 남은 나의 방법은 애원을 하는 것이다. 처자식과 함께 도저히 살 수가 없으니 살려 달라 애원을 했다. 그랬더니 마침내 여러 명의 인부들이 총 출동했다.

이름하여 새는 비 잡는 '어벤져스!'

며칠간 2층을 뜯고 또 며칠간 막고 채우고 바르고 말린다. 인부들은 우리가 보지 않으면, 그냥 흙 묻은 신발로 집안을 휘젓고 다닌다. 그 모습을 본 와이프의 얼굴은 울그락불그락 하지만, 새는 비 잡는 게 우선이니 참으라고 다독거렸다.

마침내 한 달 가까운 대공사가 끝나고 자신 있게 다시는 비가 새지 않을 거란다. 1년 만에 드디어 비가 새지 않는 집에서 살게 되었다.

이젠 비가 와도 양동이 준비 안 해도 되고, 밤새 양동이 비우러 다니지 않고 숙면을 취할 수 있겠구나!

공교롭게도 이 글을 쓰고 있는 바로 지금 비가 온다. 나는 글을 쓰다 말고 양동이를 가지러 간다. 천장에선 변함없이 빗방울이 또 떨어진다. 이젠 나도 와이프도 포기했다. 그리고 이 집에서 떠나련다.

더 많은 이야기를 하고 싶지만 이쯤해서 그만 두련다.

부실시공은 미워하되, 시공업자는 미워하지 말자!
-윤석주

이건 무슨 의도일까요? 서로 맞지 않는 벽과 콘센트

이처럼 아름다운 외부 마무리를 보았는가?

황토색 '응가'를 잔뜩 붙여 논 듯한 화려한 모습

1년도 안 된 화장실 샤워부스가 녹이 슬었다.

전원주택의 백미는 천장에 부딪히는 빗소리를 듣는 건데 친절하게도 집안에서 내리는 비까지 맞을 수 있다.
물에 젖은 벽지는 들떠 있다.

못 먹어도 GO

비가 새는 부실한 전원주택에서도 우리 부부는 항상 밝게 생활할 수 있었다.

그 이유는 전원생활을 시작하기에 앞서 만약 전원생활이 우리의 생활방식과 많이 다르고 버거우면 모든 걸 정리하고 다시 아파트로 복귀하자는 약속을 하고 시작했기 때문이었다. 그리고 와이프와 자주 맥주 한잔하며 앞으로 우리가 거주하게 될 주거형태에 대해 이야기를 나누었는데 항상 우리 부부의 결론은 전원주택에 살아야 한다는 것이었다.

그 이유인즉슨, 우리에게 피해를 준건 부실시공한 전원주택이지 전원생활은 아니었다. 그리고 와이프에게 다시 아파트에서 살 수 있냐고 하자, 이제는 아파트에선 도저히 못살겠다고 한다.

그래서 '내가 직접 하자 없는 전원주택을 지으면 되겠다'라는 결론을 내렸다.

우리의 전원생활은 불편했으나 불행하진 않았다.

결심이 선 후에는 시간 나는 틈틈이 전원주택을 짓는 공사현장마다 들러서 잠시 쉬는 목수팀장님께 냉커피 하나 가져다 드리면서 이것저것 주택건축에 대한 팁을 얻기 시작했다. 그래서 목조주택에 필요한 이것저것을 물어보며 공부하게 되었다.

목수팀장님들은 무엇을 물어보면 직접 그림까지 그려줘 가면서 아주 친절하게 알려 주신다. 냉커피 필수!

눈 뜨고 코 베이기

앞집에 사는 주인과 친하게 지냈다. 그래서 가끔 맥주도 한잔 기울이는 사이가 되었다. 그러던 어느 날 우리 집 마당에서 같이 커피를 한잔하다가 갑자기 본인 집을 보며 얘기한다.

내용인즉슨, 작년에 공사한 전원주택 외부에 구멍이 뚫려 있었다. 그래서 시공사측에 외벽에 난 구멍을 막아달라고 했더니 외벽과 가장 비슷한 색깔의 테이프를 붙이고 갔다고 한다. 그리고 건물주는 그걸 1년 후에 나와 커피를 마시다 발견한 것이다.

우리는 어이가 없어 마시던 커피를 소주로 바꾸었다.

구멍 난 벽에 노란테이프를 붙여
깔끔하고 아름답게 마무리함.

누구나 아는 장점은 집어치우고 전원생활의 가장 큰 장점은 그 누구의 시선을 고려치 않고 딸내미와 음악을 크게 틀고 미친 듯이 방방 뛰며 소리 지르며 같이 춤을 출 수 있다는 것이다.

딸한테 외면당한 내 주변 딸 바보들의 말에 따르면 초등학교 2학년 정도가 되면 갑자기 선악과를 먹은 이브처럼 쑥스러움이 극에 달하며 더 이상 아빠와 놀아주지 않는다고 한다. 이제 나에게 남은 시간은 2년 정도다. 내 기분은 노래방에서 시간이 2분 남았을 때처럼 초조하지만 마지막에 조금이라도 더 놀고자 한국을 빛낸 100인의 위인들을 선곡하는 심정으로 딸과 신나게 놀 것이다.

포즈를 멋지 개

뽀송 뽀송
장래희망은 레이싱 걸, 분야는 트랙터
개 좋음

개 신남

너만 행복하다면….

뱅그르르르르

지극히 주관적인 전원생활에서 최고의 단점은 일부 몰지각한 분들이 우리 집을 펜션으로 생각한다는 것이다.

실제 자주 들은 이야기들인데,

"삼겹살 두 근정도 사가면 되는 거야?"
"우리 가족 놀러 갈 테니 너희 집에서 3일 정도 있어도 되지?"
"우리 아들이 개를 좋아해서 그러는데 가도 되니?"
"죄송한데요, 페북에서 보고 메시지 드리는 건데요, 와이프랑 놀러 가도 되요?"

싫다고 얘기하기도 애매하고, 좋다고 하기엔 와이프가 너무 고생하고, 그러면서 주변인들을 자연스레 정리하는 계기가 되었다.

실패를 통한 가르침

실패가 때로는 어떤 전문가보다도 좋은 교육의 장을 만들어 줄 때가 있다. 유쾌하지 않았던 첫 번째 전원주택 생활을 통해 나름 전원주택을 고를 때 꼭 확인해야 하는 점들을 정리하게 되었다. 물론, 집을 지을 수 있는 땅이 있다는 전제 하에…

🐶 첫 번째

전기, 상하수도, 진입로는 기본이고, 혹자는 구매 예정인 땅은 사계절과 다양한 날씨를 직접 겪어 봐야 한다고 한다.

물론 이 방법이 가장 정확한 방법이기는 하지만, 그동안 다른 사람이 계약을 할 수도 있고 현실적으로 아무것도 안하고 1년간 오매불망 땅만 지켜본다는 건 사실 불가능하다. 그래서 짧은 시간 내에 최대한 많은 확인을 해야 한다. 그러기 위해선 땅을 보러 갈 때 자동차의 모든 창문을 열고 그 땅 주변의 냄새를 맡아봐야 한다. 혹시 축사나 다른 악취가 나는 무언가가 가까이 있을 수도 있기 때문이다. 그리고 각기 다른 날씨, 특히 비 올 때와 저녁 시간대에 가보는 걸 추천한다.

집을 짓고 있는 현장인데 비가 올 때마다 저렇게 땅이 많이 파인다. 건축주는 이 사실을 모른다. 왜냐면 비가 그치면 다시 흙을 덮어 놓으니….

비가 많이 오는 날 집지을 곳에 가서 계속 확인을 해본다.

비가 모여 빠지지 않는 땅일 수도 있고, 저녁이 되면 시끄러워 잠 못 이루는 땅이 될 수도 있기 때문이다. 그리고 웬만하면 시간을 조금 더 내서 그 주변을 땅을 밟으며 돌아다녀 봐야 한다.

 두 번째

이웃을 봐야 한다.

아파트는 이웃과의 교류가 거의 없다. 실제로 내가 살던 아파트는 계단식이어서 한 공간에 딱 두 집이 있는데도 불구하고 4년간 옆집에 누가 사는지 몰랐다. 하지만 전원주택은 옆집 앞집 건넛집까지 거의 매일 보게 된다. 그만큼 너무나도 중요하다. 꼭! 꼭! 꼭! 확인하길 바란다!

이웃들과 여러 가지 에피소드가 있었지만 내가 경험한 몇 가지 예를 들자면, 옆집 할아버지가 우리 집에 애가 있다는 사실도 알고 우리 가족은 다 비흡연자인 것도 알면서도 우리 집 창문 옆에서 태연하게 담배를 피우신다. 그러면 담배 연기가 우리 집안으로 들어와 집안 구석구석에 베인다. 여름인데 창문을 닫고 살 수도 없고 진짜 아파트였으면 관리실에라도 말했을 텐데….

뿐만 아니고 우리 와이프와 딸내미는 길고양이를 무서워한다. 그런데 옆집 할아버지는 우리 집 앞에 고양이 먹이를 주신다. 길고양이가 불쌍하고 가여우면 본인 집 앞에서 먹이를 주시지…. 생뚱맞게 우리 집 앞에 먹이를 주신다. 그리고 우리 집 데크 안에 고양이가 보금자리를 만들었다.

덕분에 집 현관문을 여는 것조차도 항상 내가 열어야 한다. 간혹 고양이가 집 앞에 와 있어서 와이프와 딸내미가 기절초풍 하는 것을 막기 위해서다.

거기다 본인이 기르는 개를 막무가내로 풀어놓으셔서 우리 마당에 대소변을 보게 하고 우리 집 강아지 사료를 다 먹고 간다. 그리고 언젠가는 할아버지께서 쓰레기도 아무데나 휙휙 버리시는 걸 마을이장님 사모님이 발견을 하시고 왜 아무데나 쓰레기를 버리냐고 물었더니, "당신이 뭔데 참견이야?"하며 가시더란다.

대화가 안 통하는 분이라 대화는 안 하기로 하고 그냥 부탁도 몇 번 드렸으나, 쳐다보지 않고 들은 척도 안 하신다.

할 말은 태산이지만 차마 못할 얘기들이 많다.

그리고 어떤 마을을 가보면 거의 왕래가 없이 담을 높게 치고 사는 동네도 있다.

처음엔 '전원생활을 왜 저런 식으로 할까?'하고 이해를 못했지만, 직접 전원생활을 해보니 100프로 아니 1000프로 이해가 간다. 그래서 처음에 땅을 보러 갔을 때 길 가는 동네 분들께 이 근처 누가 사는지, 또 이 마을의 좋은 점과 나쁜 점이 무엇인지 꼭 물어봐야 한다.

이웃 잘 못 만나면 꿈에 그리던 전원생활이 자칫 전쟁생활이 될 수도 있다.

뒷집과 1미터도 안 되는 거리를 두고 집을 짓고 있다.

 ## 세 번째

앞으로 내가 구입할 땅 근처에 뭐가 들어올 지를 미리미리 확인해 봐야 한다.

어떤 집은 마루에서 보이는 탁 트인 공간 즉, 메인 창문에 새로 짓는 집이 바짝 달라붙어 집을 짓는 동시에 기초를 높여 일조권을 모두 막아 버리는 경우도 봤다.

그래서 빛이 잘 들던 집이 한 순간에 어두운 집이 되고 심지어 텃밭도 거의 하루 종일 그늘이 지게 되었다.

법적으로 알아봐도 건축법상 아무 문제가 없다고 하고, 건축주와 대화를 해봐도 바짝 붙여서 집을 짓는 이유는 본인 땅의 앞마당 공간 확보를 위한 것이고 기초를 높이는 이유는 본인의 어린 시절이 힘들고 가난해서 지하에 살았다고 한다. 그래서 집을 높이 짓는다고 한다는데 어찌할 방

본인 집 마당에서 바로 앞이 철저하게 막히는걸 보며 허탈해 하고 있다.

집 바로 앞에 생기는 3동짜리 빌라.

법이 없었다.

그런데 이런 식으로 전원주택이 전원주택의 앞을 가로막는 건 신사였다.

어떤 주택은 돈을 많이 들여서 집과 창고까지 잘 지어놨나 싶었는데, 그 앞에 예고 없이 4층짜리 빌라 3동이 들어와서 건축주가 오랜 시간 끊었던 담배를 다시 피우는 모습도 봤다.

물론, 팔기 위해 지은 집이 아닌 내가 살고자 지은 집인데 평생 답답한 집이 되는 동시에 행여나 팔려고 해도 좋은 값을 받기는 글러먹은 집이 되는 것이다.

 ## 네 번째

웬만하면 외관을 단순하게 지어라.

각종 매체에서 화려한 모습의 전원주택을 많이 본 예비건축주들은 당연히 화려한 집을 원한다. 그런데 그 화려함 뒤에 수반되는 수많은 불편함이 있다.

외관이 복잡해지면 공사비가 올라가고 공사기간도 길어지는 동시에 단열 성능도 떨어지고, 하자발생률도 커지고 외부청소도 힘들어진다.

이건 아주 개인적인 견해지만 한껏 멋을 낸 주택은 곧 질리기 마련이다.

오랫동안 지켜보면 처음엔 다소 단조로워 보이는 우유팩 형식의 주택이 시간이 흐르면 가장 예뻐 보인다. 그러나 부동산 중개인의 말에 따르면 팔기 위한 주택은 멋을 많이 내야 팔린다고 한다. 그러므로 상황에 맞는 주택을 설계해야 한다.

웬만하면 2층으로 짓지 말고 단층으로 지어라.

'전원주택의 묘미는 2층집이다'라고 말하는 사람 중에 전원주택에 살아본 경험이 있는 사람은 거의 없을 거라 생각한다. 아파트나 빌라 같은 단층생활만 해본 사람들에게 2층은 상당히 매력 있는 공간으로 다가 온다.

하지만 복층 오피스텔과 2층 전원주택에 살아본 결과 막상 살아보면 계단의 불편함에 1층에서만 생활하게 되는 경우가 대부분이다. 그리고 아무리 작은 계단을 만들더라도 계단을 위한 공간이 생기게 되므로 우리 가족의 생활공간 상당부분이 없어지게 된다는 걸 명심해야 한다.

특히, 어린아이를 키우는 사람들은 아무리 주의를 줘도 계단에서 다치는 경험을 하게 될 것이다.

그러나 부동산 중개인의 말에 따르면 1층집보단 2층집이 잘 팔린다고 한다.

웬만하면 2층 테라스는 만들지 마라.

내가 살던 전원주택에 비가 샜던 이유는 바로 2층 테라스 때문이었다. 테라스에 방수를 제대로 해놓지 않아서 비가 스며들고 스며든 비가 집안으

로 떨어졌던 것이었다. 그래서 나는 2층집에 1층 천장을 테라스로 만드
는 걸 반대한다.

하지만, 꼭 2층에 테라스를 만들고자 한다면 비가 와도 상관없는 테라스
인 집 외부에 목재를 덧대서 만드는 것은 추천한다.

전문가들에 의하면 아무리 방수를 잘 해놨다하더라도 지속적으로 방수
제를 발라줘야 하는데 전원생활에서 이것도 상당히 귀찮은 일 중의 하나
라는 것이다.

내가 살았던 아파트 옥상도 1년에 한 번씩 반드시 초록색 방수제를 발랐
던 기억이 난다.

 일곱 번째

웬만하면 창은 작게 데크는 넓게.

더위와 추위는 창문을 통해 들어온다. 그러므로 창을 작게 만들 것을 추
천한다. 전문가들도 아무리 좋은 창호를 쓰더라도 창이 크면 겨울에 열
손실이 많다고 한다.

창호 이야기를 좀 더 하자면, 나에게 독일식 창호를 세일즈 하시는 분들
이 상대적으로 저렴한 미국식 창호를 쓰면 겨울에 얼어 죽을 수도 있다
고 했다.

그런데 겨울이 되고 결과적으로 독일식 창호를 두른 우리 집은 추웠고
미국식 창호를 두른 옆집은 항상 따뜻했다. 그리고 개방감을 위해 모든
창을 크게 하고 싶겠지만 전원주택 단지에 살다보면 집과 집 사이가 생

각보다 가깝기 때문에 앞집에서 우리 집 안이 훤히 보이는 경우가 많다. 그래서 우리도 항상 블라인드를 치고 생활했다.

단, 메인 창 앞이 바다라든지 절대농지같이 확 트인 곳이라면 단열비용이 많이 나오더라도 큰 창에 도전해볼만 할 것이다. 그리고 전원주택에 살다보니 잔디는 잘 밟지 않게 되고 거의 대부분을 데크에서 생활하게 된다.

그래서 주변 전원주택을 지으신 분들이 후회하는 공통적인 부분이 데크를 좀 더 크게 하지 않은 것이다. 그리고 자금의 여유가 생기면 가장 먼저 하고 싶은 것도 데크 확장공사다.

 ## 여덟 번째

웬만하면 천장에 창을 만들지 마라.

많은 전원주택을 꿈꾸는 분들이 한밤에 마루에 누워서 별을 보기 위해 천장에 시원한 창을 만드는 경우가 있다. 그런데 천장에 창을 만들면 어마어마한 단점이 생긴다.

여름엔 창을 통해 들어오는 햇빛 때문에 집안의 온도가 상승하고 한겨울엔 내·외부간의 온도차이로 물방울이 뚝뚝 떨어지는 동시에 내부온도도 그 창문을 통해 많이 떨어진다. 한마디로 여름엔 덥고 겨울엔 추운 집이 되는 것이다.

단, 채광은 어마어마하게 좋긴 하다.

 ## 아홉 번째

웬만하면 30평 미만으로 지어라.

그 이유는 30평이 넘어가면 건축사무소에서 간단한 신고가 아닌 허가를

받아야 한다. 쉽게 말하자면 신고에서 허가로 바뀌면서 돈과 시간이 많

이 들어간다.

도시지역이 아닐 경우는 60평 이상이 신고라고는 하지만 잘 알아보고 결

정을 내리시길….

부동산 업자 말로도 30평 미만이 거래가 많아서 나중에 팔 때도 좋다고

한다.

세상에서 가장 아름다운 산책

이 세상에 변하지 않는 사랑이 있을까? 나는 단언했었다. 젊었을 때 아무리 불같은 사랑을 했다고 자부하더라도 늙고 병들면 사랑이란 존재도 같이 늙고 병들게 되는 것이라고. 이것은 단순히 '옳다 그르다'의 문제라기보단 자연의 섭리에 포함시켜 순응하는 과정이라고 생각했었다.

그런데 내 나이 43에 시간이 지나도 변하지 않는 사랑, 오히려 더 싱싱해지는 사랑을 내 두 눈으로 직접 목격하게 되었다. 보면서도 가슴이 먹먹해지는 광경이었다.

사진 속 노부부는 부부의 연을 맺은 지 60년이 훌쩍 넘으셨고, 딸 아홉 중 둘째딸 부부와 30년을 함께 사셨다. 오랜 시간을 함께 살다보니 자연스레 둘째사위를 아들처럼 생각했었다고 한다.

얼마 전 둘째사위가 감기증상으로 병원을 갔는데 생각치도 못한 암 판정을 받았다. 그리고 이틀 만에 작별인사도 못하고 급하게 세상을 떠났다.

딸 아홉에 사위도 아홉이나 있지만 30년간 친아들처럼 생각했던 특별한 사위였기에 둘째사위의 죽

음에 그만 어머님은 큰 충격을 받으시고 치매에 걸리고 말았다. 그리고 치매에 걸린 부인을 위해 남편이 할 수 있는 건 매일같이 손을 꼭 잡고 산책을 하는 것이었다.

솔직한 내 생각은 한두 번하다 노부부의 산책은 끝이 날 것으로 예상했었다. 그리고 한 동네이기에 자연스레 1년간 지켜보게 되었고, 사랑에 대한 편견으로 가득 찬 부끄러운 나의 예상은 진실한 사랑 앞에 무릎을 꿇고 말았다.

내가 지켜본 1년이란 긴 시간 동안 노부부는 특별히 궂은 날만 아니면 깊은 주름으로 가득 찬 서로의 손을 꼭 붙잡고 하나, 둘, 셋 숫자를 세어가며 산책을 하셨고, 사진을 찍으며 그 아름다운 광경에 자연스레 '세상에서 가장 아름다운 산책'이란 제목을 지어드렸다.

할아버지께선 하루 종일 밭을 돌보신다. 딸 아홉을 출가시키고 남은 열 정으로 돌보시는 밭이라 잡초 하나 없다.

그런데 얼마 후 할아버지 밭은 잡초가 무성해지기 시작했다.

무성해진 밭이 궁금해질 때 즈음 청천벽력 같은 소식을 들었다. 87세의 연세에 만나지 말았어야 하는 췌장암 말기라는 병마를 만나게 되었다.

나는 이제부터는 딸 아홉의 아버지가 아닌 좋은 남편도 아닌 한 명의 상 남자에 대한 이야기를 하려 한다.

상남자가 가지고 있는 수식어인 터프라는 건 표면적으로 강해 보이는 이 미지에 얼어지는 이름이 아니었는가?

이 세상에서 가장 터프한 사진을 보여주겠다. 자세히 보시라!

췌장암 말기라는 사실을 알고 일주일 만에 급격히 말라버린 몸을 지팡이

에 의지해서 다니신다.

그런데 사진 속의 할아버지 모습은, 내가 본 이 세상 그 어떤 터프가이도

무릎을 꿇게 할 모습이다.

잘 모르겠다면 다시 한 번 사진을 보시라!

삶이 두 달도 채 남지 않았다는데 환하게 웃고 계신다.

죽음을 두려워하지 않는다는 얘기다. 그리고 할아버지는 여기저기 친척,

친구들한테 전화해서 아주 밝은 목소리로 말씀하신다.

이런 말을 한다는 게 가능이나 한 건가? 이 모습이야 말로 진정 최고의

상남자 아닌가!

내가 이사 가기 전 마지막 선물로 영정사진을 찍어드리고 싶었다. 그런

데 영정사진을 찍겠다는 말은 차마 할 수 없었고, 그냥 이사 가기 전에

사진 한 장 찍어드린다고 했다.

역시 상남자답게 내 마음을 간파하시고 집에 들어가서 그동안 통일이 되면 북한에 살고 있는 동생들에게 줄 거라고 수십 년간 모아온 와이셔츠 중 하나의 포장을 벗겨 입으시고 나오셨다.

많고 많은 사진을 찍어봤지만, 사진을 찍으며 그렇게 손을 떨어본

적이 없다. 그래서 많은 사진이 흔들렸지만 선물로 드릴 수 있는 사진은 건졌다.

나는 떨면서 찍었는데 할아버지는 너무나도 밝으시다.

'해병대 출신이라 그런가? 귀신도 두렵지 않은데 그깟 바이러스쯤이야!'

마지막으로 할머니와도 함께 사진을 찍어드린다고 했더니 덥석 할머니를 끌어안으신다. 다리가 불편하신 할머니는 때때로 고통어린 표정을 보이실 때가 있지만, 할아버님의 미소는 언제나 할아버님 얼굴을 떠나지 않는다.

지금 이 글을 읽고 있는 분들 중에서도 이런 상남자본 적 있으신가요?
저는 자부합니다. 지금까지 내가 만났던 그 어떤 사람 중에서도 최고의
상남자이자 대한민국에서 가장 멋진 남자이십니다.
지상에서든 하늘에서든, 상남자는 산책을 멈추지 않으실 게 확실합니다.
왜냐하면 상남자는 반드시 책임을 지기 때문입니다.
존경합니다. 상남자 할아버지!

내가 살던 전원주택 근처 왕복 1시간 30분 코스의 산이 있었다. 그 산에
오를 때면 만나는 어르신이 몇 분 계셨다.
그분들 중에 20년을 매일같이 산에 오르셨다는 70대 할머니는 뒷모습만
보면 영락없는 20대의 몸매를 가지고 계신다. 그리고 어느 정도 친해졌
을 때 나에게 인생의 가르침을 던져주셨다.

"가슴이 흔들릴 때 다니세요. 다리가 흔들릴 땐 이미 늦은 겁니다."
"………"

사뭇 진지한 표정으로 돌을 쌓으며 주절주절 말을 하기에. 무슨 소원을 빌고 있는지 물었더니
딸내미의 소원은 이 돌무덤이 엄청나게 커지는 거란다.

희대의 바람둥이

전원생활을 하다보면 동네에 목줄이 없는 상태로 돌아다니는 개들을 볼 수 있다.

눈은 그렁그렁 몸은 누렁누렁하다.

그 중에 내가 누렁이라 부르는 마치 진돗개같이 생긴 녀석이 있다.

이 녀석은 늦은 오후가 되면 항상 어슬렁거리며 마을 어귀에 나타난다. 그러면 동네에서 가장 세련된 미모를 자랑하는 '장미'라는 이름을 가진 암캐가 누렁이의 뒤를 따르며 갖은 아양을 부린다. 행여나 다른 암캐가 나타날라치면 장미는 쏜살같이 달려가 으르렁거리며 내쫓아버린다. 그리고 누렁이와 장미는 천천히 마을 한 바퀴를 돈다.

이 과정 속에 누렁이는 장미에게 눈길 한 번 주지 않고 마치 런웨이를 걷는 모델처럼 앞만 보며 걷는다.

산책이 끝나면 도도한 모습의 누렁이는 못이기는 척 장미네 집으로 들어가 진한 사랑을 나눈다. 그리고 뒤도 안 돌아보고 어디론가 사라진다.

장미는 커다란 눈망울을 껌뻑거리며 매정한 누렁이의 뒷모습을 쳐다보며 내일을 기다린다.

장미주인 할아버지께서 말씀하시길,

"저놈 새끼가 우리 장미, 한 해도 빠지지 않고 7년간 임신시킨 놈이여…"

며칠 후 마트를 가기 위해 차를 타고 마을을 벗어나는데 우리 동네에 자
주 출몰하던 누렁이가 다른 암캐와 길바닥에서 사랑을 나누고 있는 게
아닌가!
장미는 이 사실을 아는지 모르는지 오늘도 그렁그렁한 눈으로 누렁이를
기다린다.

누군가 전원생활에 대해 물어본다면

전원생활을 하면서 자주 듣는 대표적인 질문들이 있다.

첫 번째는

Q 와이프가 전원생활 괜찮데?

A 전원생활은 절대 혼자 결정할 수 있는 문제가 아니다. 고로 부부가 함께 오랜 대화 끝에
결정 내려야 한다.
특히, 주부 입장에서 전원생활은 아무래도 아파트보단 일거리가 많아지므로 결코 달갑
지만은 않을 수 있다.

생각해보면 난 여복이 참 많은 것 같다.
단지, 마누라가 남편 복이 많지 않을 뿐…

두 번째는

Q 애 교육은 어떡하게?

A 물론 주변에 본인들의 지출을 최대한 아껴가며 자식들은 영어유치원 보내고 고가의 학원에 보내는 부모도 많이 봤다. 그런 교육이 틀렸다고 하지는 않는다.
단지, 우리 부부가 생각하는 교육관과는 많이 다르다. 우리는 딸아이가 자연과 함께 감성적인 아이로 자랐으면 한다. 그리고 본인이 원할 땐 학원교육도 당연히 시킬 것이지만 본인이 거부할 시 공부시킬 생각은 전혀 없다. 실제로 얼마 전 발레를 배우고 싶다고 해서 학원에 보냈었다. 그리고 본인이 적응을 못하고 그만둔다고 했다.
사실 돈도 아깝고 한 번 시작한 건 끝까지 해보라며 다그치고 싶은 마음도 있었지만, 조용히 그만 두라고 했고 절대 거기에 대한 부담도 주지 않았다. 그리고 딸아이는 요즘 텃밭에서 호미질 하는 재미에 심취해 있다.
미래의 불투명한 성공을 위해 지금 당장 우리 아이의 얼굴을 찌푸려 트리긴 싫다.
그냥 하루하루 행복한 아이를 만들어주고 싶을 뿐…. 그리고 미래에 장성한 딸아이한테 이 한마디 듣는 것이 아빠로서 마지막 소원이다.

" 어린 시절

아빠와 함께

너무

행복했어! "

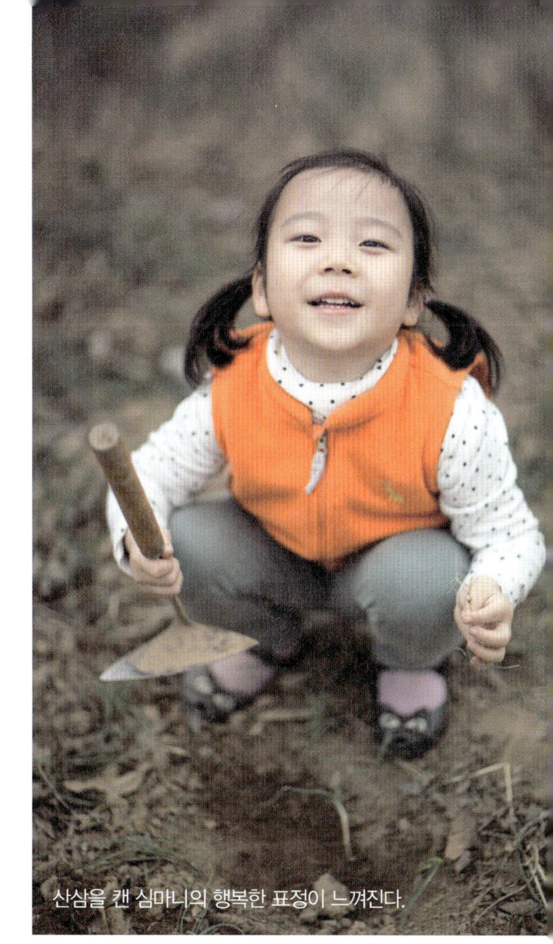

산삼을 캔 심마니의 행복한 표정이 느껴진다.

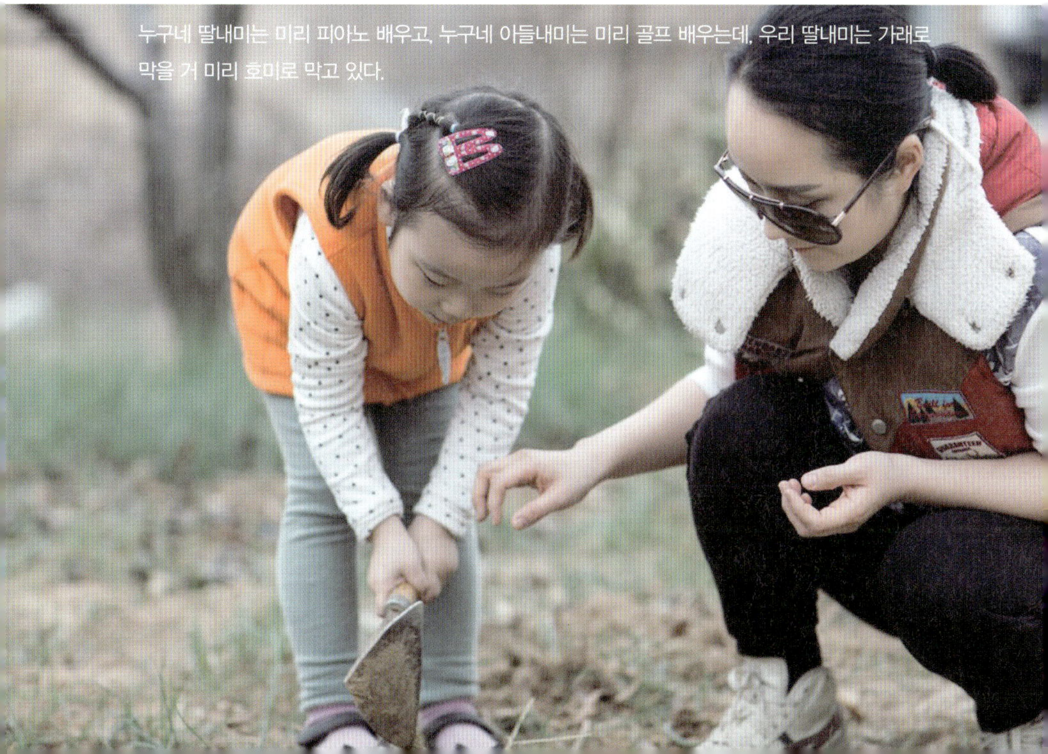

누구네 딸내미는 미리 피아노 배우고, 누구네 아들내미는 미리 골프 배우는데, 우리 딸내미는 가래로 막을 거 미리 호미로 막고 있다.

세 번째는

Q 시골 살면 답답하지 않아? 심심하지 않아? 지루하지 않아?

A 시골에 살면서 가끔 서울에 가면 답답하고 시골로 돌아오면 오히려 편안하다. 그리고 반평생 도시에만 살아서인지 우리 부부에게 시골은 즐길 거리로 가득 차 있다.

대표적으로 지난 가을엔 곶감을 직접 만들어 주변 지인들과 나눠 먹었는데 지인 중 한 명은 시중에 내놔도 손색이 없는 맛이라며 극찬을 아끼지 않았었다.

냉동실에 얼려놓으면 먹고 싶을 때마다 냉동실로 곶감.

나를 사랑하는 마누라한테 곶감.

친구랑 놀고 싶다고 떼쓰지 않고 집으로 곶감.

마을이장님의 파워

전원일기라는 드라마에서나 봤던 마을이장님은 시골마을에선 최고의 파워를 가지고 있다.

농기계들도 직접 운전하며 동네 이곳저곳의 논밭을 갈아준다. 특히, 방구차라 불리는 소독차도 직접 운전하며 동네를 소독한다.

얼마 전 동네 분들을 모시고 삼겹살 파티를 열어드렸다. 그 다음부터 마을이장님은 소독차를 몰고 우리 집 안마당까지 들어와서 집 전체를 연기 속에 파묻을 때까지 오랜 시간 집 앞에서 소독을 해주고 연기를 뿜고 다음 집으로 향한다.

그리고 가끔 호박, 오이, 옥수수 같은 것들을 집 앞에 선물로 주고 가신다. 시골에선 마을이장님께 잘 보여야 즐거운 전원생활을 할 수 있다.

한 우물만 고집하지 않고
여기저기 파도 잘만 먹고 삽니다

바닥에 쿵 했쪄!

뜻밖의 선물

인터넷 여기저기 떠도는 말 중에 훌륭한 예술가는 모두 시골출신이라는 말이 있다. 또, 어떤 엄마가 딸아이와 함께 유명한 작가를 찾아가서 내 딸을 당신 같은 작가로 키우고 싶다고 말하니 그는 당장 아이를 데리고 시골로 가라고 조언했다고 한다. 그 만큼 시골만이 주는 남다른 감성이 있다.

우리 가족도 시골생활이 시작되고 우리 딸아이의 감성이 싹트나 싶었는데 웬만해선 바뀌지 않을 것 같았던 불혹을 훌쩍 넘긴 나에게 먼저 변화가 생겼다.

40년 이상 나의 한 구석 어딘가 홀씨로 남아 있었던 나만의 예술혼이 자연스레 싹을 틔웠고, 1년간의 자연스런 시골 삶을 찍은 사진으로 각종 사진공모전에서 입상을 하게 되었다. 심지어 20년 전통의 신한환경사진 공모전에선 1등을 하게 됨과 동시에 환경부 장관상까지 거머쥐게 되었다.

40대인 나도 감성의 변화가 생겼는데 아이들은 얼마나 많은 변화가 있겠는가?

아이를 키우는 분들께 시골 삶을 적극 추천한다.

세금 떼고 4,780,000원

제23회 신한환경사진 공모전 1위 수상작

제목 : 미래의 천연기념물

이데일리 "나도 사진기자다" 사진공모전 우수상 수상

제목 : 따뜻함

행복한 우리아이 사진콘테스트 최우수상 수상

제목 : 낙엽에 흠뻑 빠지다

부동산 전문가가 따로 있나!

부동산을 선택할 때는 웬만하면 그 지역 출신의 토박이 중개인이 추천하는 곳을 선택하는 게 좋다.

그 이유는 여기저기 돌아다니는 부동산 중개인은 무슨 짓을 해서라도 땅만 팔고 다른 곳으로 가면 그만이라고 생각한다. 하지만 토박이 중개인을 통해 그 지역에 정착할 경우에는 오고 가면서 서로 부딪칠 가능성이 높기 때문에 사기성 짙은 땅을 추천하지 않을 가능성이 훨씬 더 높다.

한 가지 더 추가하자면, 부동산 중개인도 요즘 인터넷으로 카페나 블로그를 하는 경우가 많다. 인터넷을 통해 중개인이 오래전부터 최근까지 쓴 글을 읽어보면 그 사람의 인품이나 그동안 중개한 이력 등을 확인하는데 많은 도움이 될 것이다.

 ## 부동산 중개인의 능력

부동산 중개인의 능력은 딱 세 번만 방문하면 다 알 수 있다.

첫 번째 방문을 하면 중개인의 기준에서 좋은 물건을 보여줄 것이고, 두 번째 방문을 하면 구매자의 요구사항이 들어간 물건을 보여줄 것이고, 세 번째 방문을 하면 중개인이 구매자가 요구하는 조건에 맞는 물건을 다른 부동산과 공동중개까지 해가며 보여줄 것이다. 그리고 네 번째 방문을 하면 서로 대면대면하게 커피만 마시게 될 것이다.

부동산 중개인의 강력 추천

간혹 부동산 중개인이 강력 추천하는 땅을 자주 만나게 된다. 과연 그 땅은 중개인의 말대로 10년에 한 번 볼까 말까하는 정말 좋은 땅일까?

아니면 나쁜 땅 즉, 악성 재고여서 빨리 팔기 위해 적극 추천하는 것일까?

토박이 중개인의 말에 따르면 중개인이 적극 추천하는 땅은 좋은 땅 또는 나쁜 땅을 떠나 중개인이 수수료를 아주 많이 받는 땅이라는 것이다.

솔직히 정말 급매로 좋은 땅이 나오면 부동산에서 매입하고 개발해서 더 비싼 가격으로 업그레이드 한 후 다시 재판매를 한다고 한다. 그러니 강력 추천은 믿지 마시길.

꼭 이런 사람 있다

간혹 땅을 사러 갈 때 그 지역 중개인이 못 미더운 건지 본인과 친분이 있는 중개인을 대동하는 경우가 종종 있다.

이 상황에 대해 부동산 중개인의 솔직한 얘기를 들어보니 예비지주가 대동한 중개인은 추후 지역 중개인에게 100프로 전화한다고 한다. 그리고 서로 계획 하에 땅 거래를 위한 노력이 시작되고 땅 거래가 성사되는 동시에 예비지주가 대동한 중개인은 지역 공인중개인에게 몰래 수수료를 받게 된다는 것이다. 중개인이 둘이라 두 배의 수수료가 발생해야 되는데 지역 중개인은 그 수수료를 보상받기 위해 땅값을 부득이하게 올려야 하고 결론적으로 내가 사게 될 땅의 가격만 올라가는 것이란다. 그러니

당신이 믿고 있는 중개인은 지역 중개인과 함께 땅을 팔고 돈을 벌려고 하지 당신이 어떤 땅을 사는지에 대해서는 별 관심이 없다는 점을 명심하기 바란다.

결론적으로 말하자면 부동산 중개인은 한 마디로 땅을 팔려는 사람이지 좋은 땅만 팔려는 사람은 아니라는 점이다.

Chapter

03

새로운 출발

Chapter

03

새로운 출발

힐링 그리고 땅

개인적으로 사람을 좋아하고 북적이는 걸 좋아했던 어린 시절과는 달리 연예인이란 직업을 선택하면서 조용한 곳을 선호하는 성격으로 바뀌었다. 그렇게 된 결정적인 사건은 얼마 전 공기업 워크샵에서 사회를 보는데 술 취한 공기업 과장이란 분이 나를 100명 앞에서 '묻지마 폭행'을 한 것이다. 그리고 술 취해서 아무 기억이 없다며 법대로 하겠단다.

보통 법대로 하겠다는 말은 피해자인 내가 해야 할 소리 아닌가?

참 아이러니한 상황이지만 나는 제대로 된 사과 한 마디 못 들었고, 폭행을 한 사람은 벌금 100만 원에 마무리 되었다. 그저 내가 할 수 있는 건

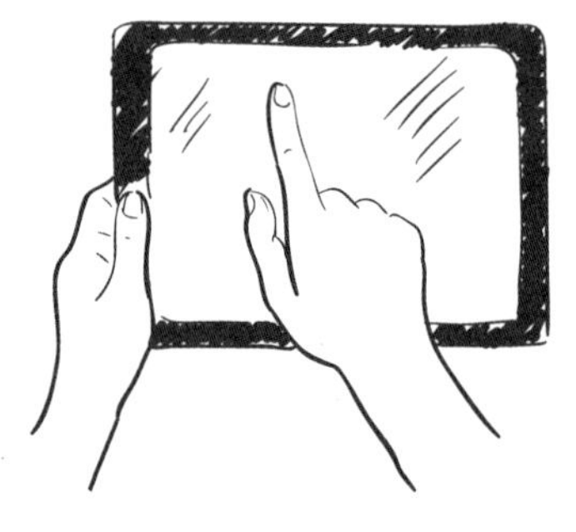

SNS에 하소연하는 것 뿐….

그 후 나의 SNS에 공분한 많은 사람들의 위로로 마음은 어느 정도 풀렸지만 아직도 엘리베이터를 탄다던지 누군가와 가까워지는 게 조금씩 불편해지고 힘들어지기 시작했다. 그래서 내가 힐링의 삶을 살기 위해 선택한 곳이 바로 강화도였다.

강화도 토박이 부동산 중개인의 말에 따르면 강화도에서 가장 좋은 전원주택지의 조건은 산 밑, 남향, 조망권의 삼위일체가 되어야 하고, 강화도 땅값의 특성은 남쪽으로 갈수록 비싸고 북쪽으로 갈수록 가격이 싸지며, 강화대교나 초지대교 같은 다리와 가까우면 비싸고 멀어지면 싸진다는 것이다. 그리고 그 중에서도 바다조망이 제일 비싸고 그 다음이 호수조망 순이라고 한다.

강화도에서 10군데 이상의 부동산을 다녔고 30군데 이상의 땅을 볼 수 있었는데 나 홀로 집지을 작은 땅을 찾는 건 정말 힘들었고 가격도 생각보다 비쌌다. 반면 좋은 땅이라고 판단되는 곳은 규모가 부담스러울 만큼 비교적 큰 땅이었다.

그러는 과정에서 자연스레 부동산 중개인과 친해지고 땅을 싸게 살 수 있는 제안을 받게 되었는데, 바로 공동구매였다.

부동산 공동구매란 대표 한 명을 필두로 여러 명이 돈을 모아 큰 땅을 사는 것인데 친하지 않으면 절대 껴주지 않지만 운 좋게 나도 발을 담그게 되었다. 그리고 얼마 후 공동구매를 하기에 이르렀고 나는 공동구매 후 내 땅만 분할해서 갖기로 하였다. 공동구매는 나중에 안 사실이지만 자

첫 기획부동산에 말려들어 사기 당할 위험도 있다고 한다.

 첫 번째 땅

이름도 생소한 종중 땅을 구매하기로 했다.

종중 땅은 집 안에서 대대로 내려오는 땅으로 그 땅의 권한이 있는 모든 사람들의 동의를 받은 종중회의록을 첨부해야만 거래가 가능한 힘들고 복잡한 땅이다. 그리고 종중에서 땅을 판다는 건 그리 좋은 경사가 아니기에 쉬쉬하는 경우가 많다.

그만큼 여기저기 부동산에 매물로 나와 있지 않기 때문에 잘만하면 싸게 구입할 수 있는 찬스의 땅이 될 수도 있다.

나름 좋은 위치에 좋은 가격의 거래를 하기로 최종합의를 하고 종중 땅에 직접 가보니 몇 가지 풀어야 할 문제가 있었다.

첫 번째 문제는 옆집 소유의 감나무가 반 이상 넘어와 있었다. 그래서 정중히 건축을 위해 좀 치워줄 수 없냐고 문자 감나무는 절대 자르거나 옮길 수 없고, 오히려 나보고 감나무를 피해서 건축을 하면 되지 않냐고 반문한다.

두 번째 문제는 구입예정인 땅에 두충나무 다섯 그루가 심어져 있는데 그것도 옆집 주인이 전 주인에게 집과 땅을 구입할 때 같이 구입한 것이니 그냥은 절대로 뽑을 수가 없고 나무가격을 받아야 한다고 한다. 그런데 두충나무의 가격으로 제시한 액수가 터무니없는 가격이었다.

세 번째 문제는 펜스라인이 쳐져 있는 옆집 소유처럼 보였던 마당의 20 평 정도가 우리가 구입할 땅의 일부였다는 것이다.

내 입장에선 땅과 가격이 마음에 들었기에 이런 모든 문제를 하나하나 대화로 풀자고 했더니, 같이 공동구매를 하는 모든 사람들이 입을 모아 이런 사람과 이웃을 하면 많이 피곤해질 것이라고 반대한다.

예컨대 건축을 하면 민원을 넣고 나무를 자르면 소송을 걸어 사람을 귀찮게 할 것이란다.

나 혼자면 기꺼이 전쟁을 치를 준비가 되어 있지만, 처자식이 있는 입장에선 무슨 불상사가 일어날 지도 모르니 최종적으로 종중 땅은 포기하기로 했다.

토박이 부동산 중개인의 말을 빌리자면 부동산 중개인이 풀지 못하는 문제를 가지고 있는 땅은 절대로 건드리지 말라는 것이다.

🐶 두 번째 땅

집에서 낮잠을 자고 있는데 전화가 왔다.

> "기뻐하세요. 최고의 전원 주택지를 발견했습니다."

자다 말고 직접 가본 땅은 임야였는데 남향에 소나무가 가득한 산으로 둘러싸여 있어서 토목공사를 잘만하면 비싼 소나무를 우리 집 마당에 위치하게 할 수 있으며, 바다나 산 조망은 아니었으나 지대가 높아 탁 트인 동네가 한 눈에 들어오는 시원한 곳이었다. 부동산 중개인의 말에 따르면 강화도에서 80점 이상 줄 수 있는 땅이라고 한다.

그러나 다음날 민간 측량사무소에 의뢰해 위성사진으로 판독해보니 안타깝게도 진입로를 오래된 농가가 막고 있었다. 그래서 큰 공사차량이나 중장비 진입이 어렵기 때문에 토목공사부터 불가능한 땅이었다.

그럼 땅을 구입하고 내 땅에서 나가라고 권리를 주장하면 되지 않느냐고 묻자, 여러 가지 전문용어를 섞어 말씀하시며 그냥 힘든 땅이니 포기하자고 한다.

어떻게 이런 일이 있을 수 있는지에 대해 물어보니, 예전에 측량정밀도가 떨어질 때 준공을 했기 때문에 가능했었다고 한다. 그리고 지금도 오래된 가옥들 때문에 그런 경우가 상당히 많다고 한다.

결론적으로 싼 땅은 그만한 이유가 있고 그 이유는 웬만해선 풀기 힘들다는 것이다.

 ## 세 번째 땅

중개업자들이 역시 선수들은 선수들이다. 계속된 실패에도 좋은 땅을 계속해서 찍어온다.

하지만 실제 답사를 나갔을 때 진입로에서부터 "와~ 좋다~"를 외치며 들어가는 땅이 있었는데 들어가면 들어갈수록 땅의 남북의 경사가 북쪽으로

심해지며 앞쪽 땅은 남향인데 뒤쪽으로 들어갈수록 북향이 되는 것이다.

만약 한 사람이 모두 구매하면 필지를 나눠서 남향 땅은 비싸게 팔고 북향 땅은 싸게 팔면 되겠지만, 우리는 공동구매이기 때문에 문제가 생겼다.

과연 누가 남향 땅을 갖고 누가 북향 땅을 가질 것인가?

남향 땅을 갖는 사람은 작게 갖고 북향 땅을 갖는 사람은 상대적으로 크게 갖는 핸디캡을 적용하자는 등의 회의를 했지만 아무리 많은 땅을 준다고 하더라도 아무도 북향 땅을 가지려 하지 않았다.

그래서 분란이 생기기 전에 서로 헤어지기로 하고 공동구매는 최종적으로 무산되었다. 하지만 나는 공동구매의 기회가 또 있으면 또 참여할 것이다.

그 이유는 공동구매가 무산되더라도 부동산 공부도 하게 되고 그만큼 많은 정보도 얻을 수 있기 때문이다.

 ## 네 번째 땅

오랜 시간 소위 업자들과 함께 다니다 보니 업자들도 나를 야매업자 정도로 인정을 해주었다.

그 와중에 공동구매를 주도했던 분이 계속된 공동구매 실패로 나에게 미안했는지 작년에 다른 분과 공동구매한 천 평의 땅을 내게 보여주었다.

그 땅은 완벽한 남향은 아니지만 남동향이고, 완벽한 산 밑은 아니지만 가까이에 산이 있어 북서풍을 막아주고, 완벽하게 좋은 조망은 아니지만 정면이 절대농지라 파란바다는 볼 수 없지만 초록바다는 볼 수 있는 곳이었다.

단점으로는 절대농지 끝부분 250미터 지점에 축사가 있는데 주변에 사는 분께 물어보니 강화도는 서풍이 불어서 내가 있을 곳은 냄새가 절대 나지 않는다고 한다. 그래서 여러 번 답사한 결과 그분 말대로 축사냄새는 나지 않았다. 그리고 내가 지을 집 바로 뒤쪽에 도로가 있지만 시골 도로여서 1시간에 자동차 한 대 다닐까 말까한 도로였다. 그래서 확인도 할 겸 실제로 두 시간 정도 가족들과 함께 김밥을 먹으며 지켜봤는데 그동안 지나가는 차는 단 한 대도 없었다.

그리고 내가 맘에 들었던 가장 큰 장점은 천 평에 대략 여섯 집 정도가 들어올 예정인데 하나같이 도로를 등지고 절대농지를 바라볼 예정이라 서로간의 사생활도 충분히 보호될 수 있다는 점이었다.

결정을 내렸다. 그것도 남들보다 싸게 구입했다는 행운과 함께.

'비가 새는 집에서 탈출하여 내 땅에서 내 집을 짓고 내 가족들과 행복하게 살자'라는 장밋빛 생각만으로 시작은 했지만 진행되는 과정마다 '만약 이번에도 실패하면 어떡하지?'라는 두려움이 나의 추진력에 자꾸 브레이크를 걸었다.

와이프와 함께 일을 진행하면서 나를 100프로 믿고 있는 와이프를 볼 때마다 위안도 되었지만 단 하나의 실수도 하면 안 된다는 부담감도 없지 않았다. 그래서 소화도 안 되고 잠도 잘 못 자는 날들이 지속되었다.

자신의 집을 몇 채 지어본 친구가 "너 지금 진짜 재미난 일을 하고 있는 거야. 최대한 즐기면서 해"라고 격려하지만 즐기려 해도 내 얼굴에서 웃음기는 사라진 지 오래고 원래 나의 일상이 개그인데 요즘은 일상이 다큐다.

이사는 총 두 번해야만 했다.

한 번은 지금 집에서 짐을 빼서 컨테이너에 보관을 하고, 두 번째는 두세 달 후 컨테이너에서 짐을 찾아 새로운 집에 입주하는 것이다.

첫 번째 이사는 컨테이너 보관을 위해 이삿짐센터에서 자체적으로 포장지 구입을 해야 하는데 그 비용이 10만 원이고, 짐이 별로 없는 터라 이사비용은 포장지값 포함 100만 원이 들었다.

여기서 질문, "원래 이사는 짐을 빼고 다른 집으로 이동해서 짐을 넣고 정리하는 과정을 거치게 되는데 나의 경우는 짐을 빼서 컨테이너에 실으면 끝이다. 그래서 가격이 반으로 줄어들어야 하는 거 아닌가?"라고 물었더니, 이삿짐센터는 하루 일당으로 계산을 한다고 한다. 그래서 일을 많이 하던지 적게 하던지 지불하는 비용은 똑같다고 한다.

두 번째 이사는 이사비용이 저렴한 날로 잡기로 하고 비용은 80만 원에 하기로 했다.

컨테이너 보관비는 한 달에 25만 원이라고 해서 넉넉하게 세 달 보관비용 75만 원을 지불했다.

넉넉하게 빌리는 이유는 내가 보관이 끝나는 날에 다른 컨테이너 보관 계약자가 미리 대기하고 있다고 해서다. 그래서 자칫 공사기간이 길어지면 컨테이너 보관 연장이 쉽지 않다고 한다. 그리고 컨테이너 보관은 한 달만 넘으면 언제 짐을 찾던지 간에 차액을 준다고 한다.

그래서 총 이사비용, 100+80+75=255만 원

첫 번째 이사를 했다.

집안에 모든 짐들을 뺐다. 모든 게 끝난 줄 알았다. 그리고 마지막으로 집주인 부부는 집안을 둘러보며 빠진 게 없나 둘러본다. 설마 했던 싱크대 선반 두 개를 이삿짐센터에서 빼먹었다. 아직 짐차가 출발한 것이 아니니 포장을 하면 된다.

그리고 나는 2층을 둘러보다 화장실에 걸려 있는 두루마리 휴지를 발견했다. 버리고 가기엔 너무 두툼해서 아무래도 가져가야겠다고 마음먹었다. 조금 창피하지만 최대한 포장이삿짐센터 직원이나 옆집 사람들의 머릿속에 두루마리 휴지까지 챙기는 놈이란 인상을 남기지 않기 위해 겨드랑이 안에 최대한 꾸겨 넣으며 조심스레 1층으로 내려가는데 1층 부엌 쪽에서 얼마 남지 않은 진짜 몇 장 남지 않아 보이는 키친타월을 겨드랑이에 끼고 황급히 나가는 와이프의 뒷모습을 보게 되었다. 그 모습이 왠지 짠하고 아름답고 감동스러우며 괜히 나 때문에 와이프가 고생을 하는 것이 아닌가 싶어 별의별 생각이 다 든다.

"그동안 키친타월 많이 쓴다고 구박해서 미안해, 돈 많이 벌어서 우리 키친타월 한 번에 두 장씩 쓰자,"

집지을 순서를 정하다

모든 일에는 순서가 있다. 막상 집을 지으려니 뭐부터 시작해야 할지 막막하기도 하고 뭐가 중요한지 결정하기도 어려웠다. 닥치는 대로 마구 덤비다 보면 시간뿐 아니라 예상치 못한 비용의 발생도 제법 커질 것 같았다. 그래서 나름대로 순서도 정해보고 직접 건축현장도 방문해 보면서 머릿속으로 순서를 정해 보았다.

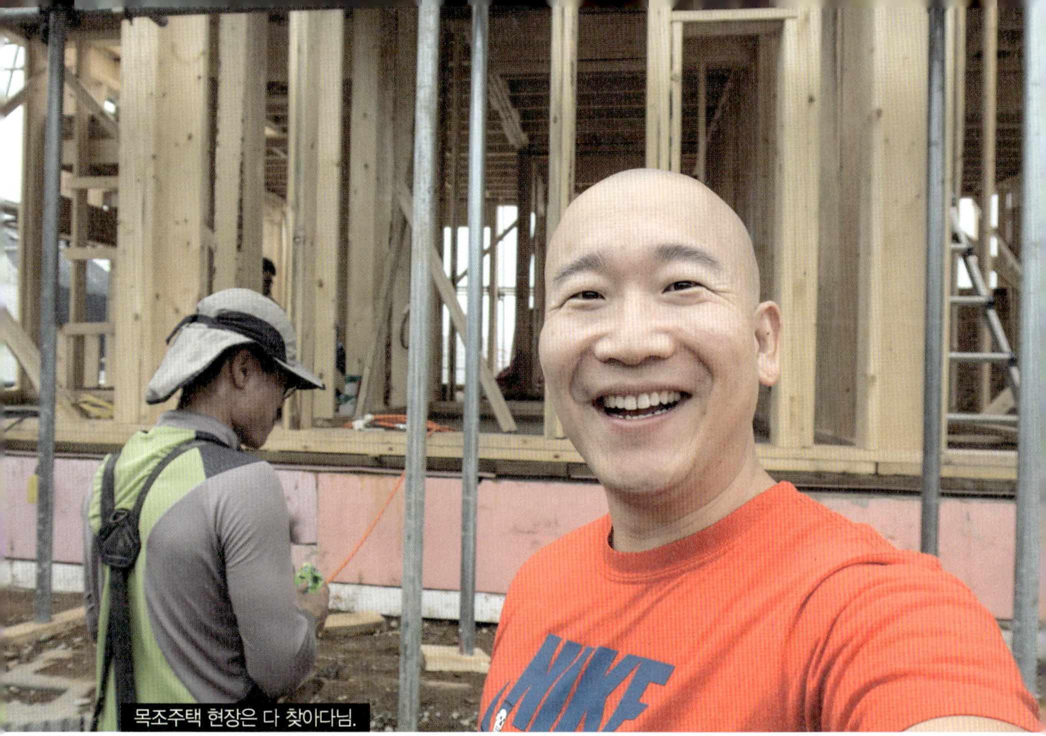

🐶 건축구조 선택

요즘 대세는 목조주택.

조금 공부해보니 대세인 이유가 있었다. 일단 공사기간이 짧다. 나무이기에 보수가 쉽고 특히 단열이 좋아서 겨울엔 따뜻하고 여름엔 시원하다. 무엇보다도 아이를 키우는 입장에서 친환경적이다. 그래서 나도 대세를 따르기로 했다.

 ## 건축가와 건축사무소 선택

유명 건축가가 처음부터 책임지고 해주면 얼마나 좋을까 싶지만 30평짜리 소형주택을 짓는 것이고, 거기다 최대한 자금을 아껴야 하기 때문에 허가만을 위한 건축사무소를 선택하기로 결정하였다.

사실 이 과정부터 신중해야만 한다. 자칫 500만 원 아끼려다 5000만 원 날릴 수도 있다.

이 경우 먼저 집을 지어본 사람들의 충고를 그냥 흘려버리지 말라고 조언해주고 싶다 .

고등학교 때 친구가 목재회사 사장이라서 많은 도움을 받을 수 있었다. 그런데 생각보다 자재 할인 폭이 크지 않다.

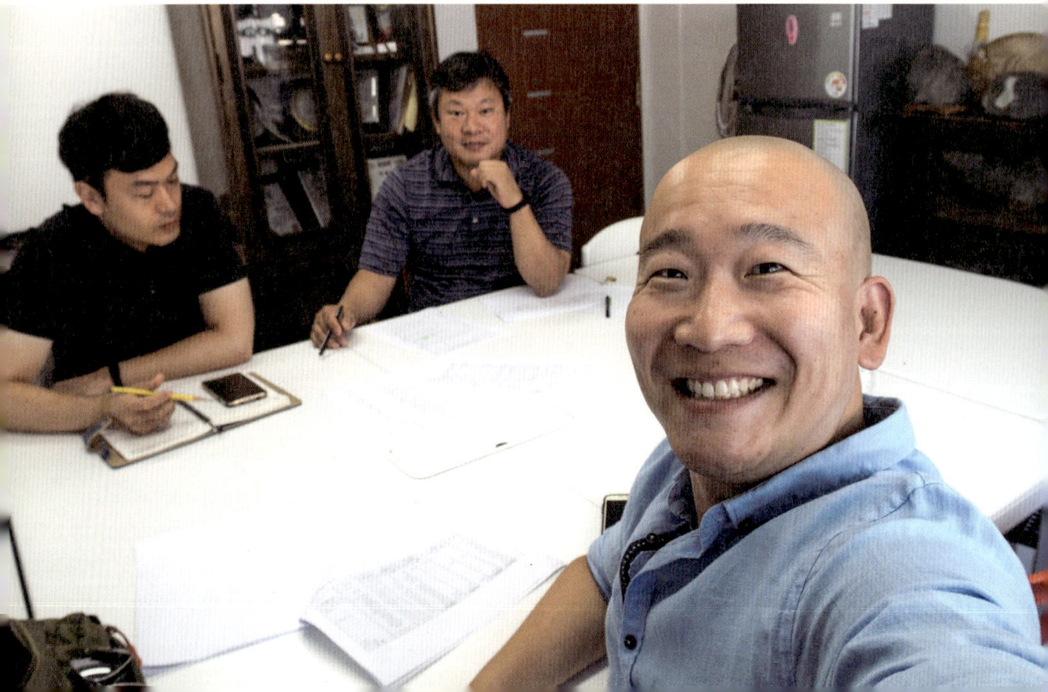

 ## 거처 문제

장인어른께 집을 짓는 동안 신세 좀 질 것 같다고 말씀드렸더니 흔쾌히
들어오란다.
일단 처자식의 거처 문제 해결.

평면도 선택

인터넷에 나와 있는 국내외 많은 30평 평면도 중, 건축비를 아끼기 위해
내외부가 가장 간단한 평면도를 선택했다.
그 안에서 우리 부부와 딸아이의 동선을 그려보며 약간의 변형을 했다.
너무 우리 가족만을 생각하며 설계를 하면 보편적인 것과 동떨어져서 추
후에 판매가 불가능하다. 그래서 판매도 고려하면서 설계에 임했다.

인테리어 하는 친구가 답답했는지 직접 도와준다.
가끔 멍청한 것도 좋다.

 ## 시공업자 선택

많은 분들이 공통적으로 말하는, 절대 같이 일하면 안 되는 시공업자가 있다.

그 중 가장 대표적인 업자가 바로 보자마자 '평당 얼마에 해줄게'라고 하는 사람이다.

평면도도 없고 창호나 부엌 그리고 내외장재를 무엇으로 할지도 모르는데 평당 얼마에 해준다는 건 말이 안 되는 것이다. 그래서 시공업자를 1차적으로 걸러내는 방법으로 보자마자 30평 목조주택 지을 건데 평당 얼마에 가능하냐고 묻는다.

그럼 평당 300부터 600까지 다양한 답변이 나온다. 그리고 그 사람은 두 번 다시 만나지 않는다.

올바른 시공업자의 답변은,

건축주 : 30평 목조주택 평당 얼마에 해주실 수 있나요?

올바른 시공업자 : 그건 최소한 평면도, 입면도, 배면도를 보고 시방서를 뽑아봐야 답변을 드릴 수 있습니다.

공사 들어가기 전

보통 집이 두 채 이상 있지 않는 한 건축주는 시간이 없다. 최대한 빨리 집을 지어야 한다. 그래서 땅을 계약하자마자 건축사무소를 통해 발 빠르게 건축허가를 진행시켜야 한다.

이때 중요한 건, 기존 땅주인이 건축허가용 토지사용 승낙서를 제출해줘야만 한다.

아직 땅값을 다 받지 않은 땅주인 입장에서는 해줄 의무가 없지만, 보통 집을 지을 거라고 하면 부동산 중개인 입회 하에 계약서 특약사항에 기재하고 토지사용 승낙서를 건축사무소에 제출하면 된다.

그런데 나의 경우는 원래 땅주인이 내가 구입하려는 땅을 담보로 대출이 있어서 대출을 진행해준 은행에 가서 은행의 허락 하에 토지사용 허가서를 받았다.

 ## 자, 이제 드디어 건축사무소로 간다

건축사무소는 건축주가 요구하는 사항에 대해 계속해서 힘들 수도 있다, 안 될 수도 있다, 시간이 더 걸릴 수도 있다 라면서 행여나 발생할 수 있는 일들에 대해 자신들의 탈출비상구를 만들어 놓는다고 한다.

그러면서 며칠이 더 지날 수도 있다. 하지만 나한테 하루 이틀은 지속적인 비용 발생과 처갓집에 무리를 주는 행위이기에 무조건 빨리 진행시켜야만 했다.

그래서 나는 내가 생각하는 평면도와 외부 입면도를 뽑아내기 위해 설계
하시는 분 옆에 앉아서 같이 설계도를 그리고, 와이프는 전답으로 되어
있는 땅에 집지을 만큼만 택지로 형질변경을 하기 위해 지적도 그림 그
리시는 분 옆에 딱 붙어서 같이 그림을 그린다.

결혼한 지 7년 만에 우리 부부가 제대로 손발을 맞추면서 정말 멋들어지
게 일사천리로 일을 진행했다. 그랬더니 며칠이 걸릴 수도 있는 일들이
30분도 안 되서 끝났다.

'역시 사람이 하는 일이라…!'

덕분에 건축사무소에서 건축허가부터 준공까지 모든 걸 대행해주는데
받는 비용을 제법 아낄 수 있었다.

 다음은 강화군청 행이다

개발행위팀에 담당자가 결정되고 농지과에서 현장 확인 후 논에서 대지
로 형질변경에 대한 농지보전부담금이 나오게 된다. 그 가격은 공시지가
의 30프로로 책정된다.

입금을 하면 개발행위 허가팀에서 형질변경 허가를 해주며 건축과에서
건축허가증과 세금이 나오고 마지막으로 착공신고를 건축신고필증을 받
아서 하게 되면 건축을 비로소 할 수 있게 된다.

이 복잡한 과정을 건축사무소에서 해주기에 편하게 기다리면 되지만, 좀
더 빠른 허가를 위해 군청에 들어가 담당자들을 만나서 부탁도 드렸다.

군청에 대한 팁을 드리자면, 등본 발급해주시는 분들 말고 간혹 불친절한 분들도 있으니 맘 상하지 마시길….

특히 허가관련부서….

 드디어 근로복지공단 고용보험센터로 간다

그리고 마지막으로 건축면적이 30평이 넘어가면 필수지만 30평 이하는 선택인 산재보험이 있다.

나는 일하시는 분들의 혹시나 모를 사고에 대비해 가입하기로 결정했다.

 누구를 위해 보험을 드는가

드디어 허가가 나왔다. 허가가 나오고 바로 서울보증보험을 들어야만 한다. 가격은 1만5천 원.

보험에 드는 이유는 내가 공사를 하다 그만 둘 수도 있고 뭔가가 사고가 있을 수 있는데 그럴 때를 대비하여 서울보증보험에서 원상복구를 시켜주고 나한테 구상권을 청구한다는 것이다. 한 마디로 나를 위한 보험이 아닌 강화도를 위한 보험인 것이다. 기간은 2년.

벽난로

보통 아파트는 만들어져 있는 공간이기에 맘에 안 들면 다른 아파트로 이사 가면 되지만, 주택을 짓게 되면 마당에 풀 한 포기부터 모든 걸 부부가 함께 결정을 해야 하기에 생각치도 못한 의견 대립으로 많은 다툼이 일어난다.

이 경우 조금의 싸움이 있더라도 같이 합의하에 진행하는 것이 독단적으로 선택해서 오랜 시간 "당신 때문에"라는 말을 듣는 것보다는 낫다고 생각한다.

우리 부부도 집 구조부터 외벽까지 여러 가지 의견 대립이 있었다. 그 중 가장 대표적인 게 벽난로 문제였다. 와이프는 겨울에 따뜻하고 인테리어 효과까지 있는 벽난로를 무조건 설치하자고 하고, 내 입장에선 군 시절 난로 관리가 힘들었던 경험도 있고 또 쓸데없이 평수를 잡아먹는 공간이 아까워 반대하는 입장이었다. 그리고 그 대립은 얼마간 계속되었지만 주변 벽난로를 설치한 사람들과 이야기해본 결과 10명 중 7명이 벽난로는 하지 말라고 권했다.

그래서 벽난로는 아웃.

목수가 사라졌다

고등학교 때부터 친한 친구가 나름 괜찮은 소장님을 소개해준다고 했다. 그래서 소개받은 소장님은 구수한 전라도 사투리를 쓰시며 20년 이상 목조주택을 지으셨던 베테랑이시라고 한다. 그리고 최근까지도 강화도에서 전원주택 단지를 지으셨고 양평 쪽에도 단지를 조성하고 계신 소장님이셨다. 양평 쪽은 멀어서 확인을 못해봤지만 강화도는 직접 확인까지 했다. 강화도에 조성된 전원주택 단지에 들어가 설명도 듣고 이야기도 나누고 내가 지을 집에 대해 말씀도 드리고 같이 회의도 세 번했다.

역시 친구의 소개로 만난 분이라 서로 실수하지 않고 얘기가 잘 통하는 듯했다. 그리고 땅에 대한 건축허가도 거의 다 된 상태고 소장님한테 견

적만 뽑으면 끝이었다.

며칠 후 본격적인 집짓기 시작할 때라는 생각이 들어서 전화를 해보았다. 그런데 연락이 안 된다. 갑자기 잠수를 타신 것이다. 친구한테 전화를 했다. 몇 년을 거래했는데 이런 적이 없다고 하면서 본인도 통화가 안 된다고 한다.

'뭐지?'

계약금을 드린 것도 아니고 서로 싸운 것도 아니고 얘기가 잘 진행되었고 견적서까지 뽑고 계신다고 했는데 갑자기 전화도 안 받고 잠수를 타셨다.

만약에 못하겠다면 못한다고 말하면 되는 것이고 사고가 있었으면 사고가 있다고 말하면 되는데 왜 잠수를 탔지? 이해가 가지 않는 상황이었다. 답답하다. 이유라도 알고 싶었다.

그 와중에 친구는 말하길,

"오히려 잘된 일이다. 집을 짓다보면 소장격인 목수가 돈만 받고 사라지는 경우도 간혹 있다. 뭐 사람이 하는 일이기에 별일이 다 있는 건 사실이지만…. 공사 도중에 잠수를 탔으면 어쩔 뻔했냐? 오히려 잘된 일이다."

집을 지을 때 어떤 사람을 만날 것인지도 운인 것 같다.

운이 좋은 건지 나쁜 건지는 모르겠으나 일단 불운 하나는 스쳐 갔다고 생각했다. 그래도 그냥 넘어가는 게 싫다. 그래서 얼마 후에 소장이 모르는 번호인 와이프 번호로 전화했더니 받는다. 나라고 밝히고 왜 전화를 안 받냐고 물으니 전화가 안 되는 곳에 있다고 한다.

'내 전화는 안 되고 마누라 전화만 되는 곳은 대한민국 어디란 말인가?'

화가 나서 쌍욕을 하고 싶었지만 참았다.

회의 중이니 다음에 전화를 한다는 말을 버벅거리며 하더니 황급히 전화를 끊고 그 이후로 전화가 없었다.

주변 지인들과 얘기를 해본 결과 그 사람이 왜 그랬는지에 대한 여러 가지 추측이 난무하지만 가장 설득력 있는 추측은 우리 집 말고 또 다른 제안이 들어왔을 거라는 것이다. 그래서 어느 쪽이 돈을 더 많이 받을 수 있을까? 저울질 중이었을 거란다. 어찌 되었던 간에 OUT!

친구가 보증 차원에서 또 다른 목수팀을 소개해주었다.

모든 게 운이 잘 따라줘야 한다. 그래서 내린 결론은 난 친구도 믿고 목수님도 믿는다.

단지, 해치지 않으니 도망가지 마세요.

처가살이

1년간의 시골생활 후 집을 짓는 동안 한동안 처가살이를 해야 했다. 그래서 주상복합 아파트에 살게 되었는데 서울이란 곳이 이렇게 적응하기 힘든 곳이었던가 하고 느끼는 내 자신에게 새삼 놀라게 되었다.

그동안 나를 재워준 풀벌레소리와 아침잠을 깨우는 새소리 대신에 자동차들의 마후라에서 뿜어져 나오는 거대한 소음과 8층인데도 올라오는 고기인지 생선인지 모를 여하튼 너무나도 많은 후각을 자극하는 괴롭힘. 그리고 반짝반짝 빛나는 네온사인들이 새벽까지도 잠 못 들고 뒤척이게 만들었다.

서울은 더 이상 내가 살 수 있는 공간이 아니라고 느꼈다. 그리고 딸아이에게 더 많은 잔소리를 하게 되었다. 잔소리의 대부분이 "시끄럽다, 뛰지 마라, 아랫집에 피해준다"였다.

아이를 뛰지 못하게 해서 아랫집에 피해를 주지 않아야 하는 것도 당연한 이야기지만 반대로 생각해보면 아이가 뛰는 것도 당연하다.

아이들은 몸속에 어마어마한 에너지가 축적되어 있을 것이다. 그 에너지를 소모시켜줘야 정신적으로나 육체적으로나 편안한 상태가 되며 밥도 잘 먹고 잠도 잘 자게 된다고 생각한다. 그런데 아이들을 뛰지 못하게 하면 풀지 못한 에너지는 결국 스트레스로 바뀌게 될 것이고, 이것들이 쌓이게 되면 불만도 많아지게 될 것이다.

생각해보면 아파트에 살면서 우리는 정상적인 아이들에게 비정상을 강요할 수밖에 없다. 정상적인 아이에게 비정상을 강요하는 아파트의 삶이 그래서 더욱더 싫어졌다.

진정한 지주의 첫 걸음

한국국토정보공사에서 나온 직원이 내 땅이 어디까지인지 정확하게 측량을 해준다. 오차는 3미리 정도.

역시 공사에서 나오신 분들이라 그런지 상당히 무뚝뚝하다. 집을 지으려고 만난 몇몇 공무원 분들의 공통적인 특징은 무뚝뚝하다는 거다.

그 일이 그만큼 힘들고 짜증나서 그럴 거라 생각되진 않지만 그렇게 생각해야 내 맘이 편하다.

내 땅 경계위치에 빨간 말뚝을 박아 표시해준다.

뙤약볕에서 진행된 측량 탓인지 아니면 비루한 몸뚱이 탓인지 일사병에 걸리고 말았다. 머리가 깨질 듯이 아프고 구역질이 계속 났다. 시작과 동시에 이런 짓을 왜 했나 급후회감이 밀려왔다.

링거를 맞고 누워 있는데 얼마 전 시골어르신이 나한테 하셨던 말씀이 생각났다.

"옛부터 집을 지으면 사람이 죽는다고 했어."

집을 지으면 10년은 늙는다는 말은 들어봤어도 죽는다는 말은 처음 들었기에, 지어낸 말이 아닌가 의심도 했었지만 막상 링거를 맞는 상황이 되

니 그 어떤 말보다 또렷이 내 귓가에 들리는 듯했다.

집도 집이지만 건강을 생각해 가며 짓자.

그런데 문제가 생겼다. 실제 측량을 해보니 150평 땅 중에 30평 정도가 도로로 빠져 있다. 물론 땅을 계약할 때 부동산 중개인은 절대로 도로로 빠져 있지 않을 것이라 말했지만 실제 측량결과는 어마어마한 내 땅이 도로로 빠져 있는 것이다. 제법 싸게 구입했지만 왠지 손해 보는 느낌이 들었다.

그 순간 나는 선택을 해야 했다. 이 땅을 포기하고 계약금을 돌려받을 것인가, 아니면 타협을 할 것인가. 어찌되었건, 남들보다 싸게 땅을 계약했기 때문에 포기하기 싫었지만 날아간 30평은 너무 아까웠다. 그래서 땅 주인과 만나서 담판을 지었다.

땅주인 : 실제 측량을 해보니 이 정도 일 줄은 저희도 몰랐습니다. 어떻게
하시겠어요?

나 : 우리 서로 win win 하자고요. 15평을 더 주세요.

땅주인 : (잠시 생각을 하다) 어휴, 그럼 땅을 ○○만 원대 사시는 거잖아요.
어휴, 아무리 그래도 그렇지… 아휴, 네 알겠습니다. 딜!

사실, 이런 거래가 있기 전에 미리 측량을 했을 때 도로로 30평이 빠지지
만 우리 집 앞에 내 땅과 붙어서 내가 쓸 수 있는 아니 쓸 수밖에 없는 국
유지가 있다는 것을 알고 있었다. 그래서 결코 손해는 아니었다. 그래도
지적도상으로는 손해니까 받을 건 받아야 한다는 일념 하에 15평을 더
받았다. 거래라는 건 이렇게 하는 것이다.

목수와 신경전

모든 일은 계약서와 돈으로 이루어진다. 그런데 여기서도 합의가 필요하다. 목수는 일하는 입장에서 빨리 그것도 기왕이면 많은 돈을 받길 원할 것이고, 건축주 입장에선 합리적으로 돈을 주는 게 안전하다고 생각할 것이다.

과연 어떤 게 합리적인 페이 지급방식인가에 대해 말하고 싶다. 목수가 원하는 페이 지급방식은, 계약금 10프로, 착수금 10프로, 기초공사완료 30프로, 목골조 공사완료 30프로, 내·외장 공사완료 10프로, 준공승인 후 10프로.

자, 잘 봐야 한다. 목조주택공사에서 목골조가 끝나는 순간, 이 공사의 50프로가 끝나는 것이다. 그래서 골조가 끝났을 때 건축주 입장에서 50프로 이하로 지급을 하는 게 좋다.

그런데 목수 입장에선 골조공사가 끝났을 때 80프로를 받기 원한다. 그래서 아주 냉정하게 서로 win-win하는 방식으로 결정을 했다.

계약금 20프로, 목골조가 끝나면 30프로, 내·외장공사가 끝나면 30프로, 준공이 끝난 후 20프로를 지급하는 걸로 결정했다.

목조회사를 운영하는 친구한테 이야기했더니 역시 협상의 대가라며 나를 칭찬했다. 그러면서 계약금은 조금 많이 준 듯하다고 한마디 덧붙었다.

그런데 내 입장에서 착수금은 조금 두둑하게 줘야 한다고 생각했다. 공사업자 입장에서 보면 심리적으로 처음에 돈이 모자라면 공사가 들어가기도 전에 짜증이 날 것이고, 그러면 공사에 대한 열정이 사그라질 것이고, 그 피해는 고스란히 내 몫이 될 수밖에 없다고 판단했기 때문이다.

Chapter
04

집짓기 공사의
기록들

Chapter

04

집짓기 공사의 기록들

드디어 집짓기 공사가 시작된다.

땅을 계약한 지 56일,

건축사무소에 허가를 의뢰한 지 50일만이다.

내가 집을 짓는 이유는 그렇다.

난 사람들을 즐겁게 해주는 개그맨이다.

하지만 즐거움에도 순서가 있다면, 우선은 내 마누라와 딸내미부터 즐거워야 하기 때문에 즐거움이 있는 집을 짓고 싶다는 생각을 했다.

일단 집을 짓기 위해 부지정리를 하고 정화조 심을 곳을 판다. 포크레인이 시원스럽게 움직인다. 첫날부터 스타트가 좋다.

첫 끗발이 개 끗발이라더니 둘째 날부터 서서히 문제가 터지기 시작한다.

집 뒤쪽 풀숲에 가려져 보이지 않았었는데 공사를 하려고 풀을 깎으니 옹벽 사이에 하수관이 숨어 있었다.

하수관의 시작점이 있는 집을 찾아가 집주인에게 어떤 식으로 해야 할까를 물어보니 무조건 내가 조치를 취해야 한다고 한다. 더 자세하게 말하자면 나중에 이사 온 사람이 하는 거란다. 원래 그런 거란다.

공사업자는 그냥 시멘트로 막아버리라고 한다. 내 땅 안에 있는 구멍이니 내 맘대로 막을 순 있겠지만 잘 못 건드렸다가는 전원생활이 전쟁생활이 될 것이란 것은 불 보듯 뻔하다.

일단 공사에 지장이 없으니 공사가 다 끝난 후에 처리하기로 한다.

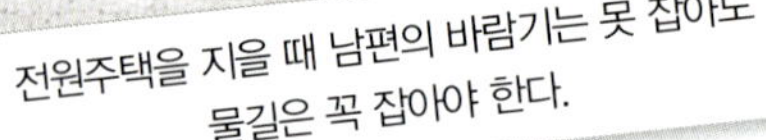
전원주택을 지을 때 남편의 바람기는 못 잡아도
물길은 꼭 잡아야 한다.

하지만 비가 오면 계속해서 옹벽 돌 틈 사이로 물이 흘러나올 것이다. 그래서 땅속에 구멍이 송송 뚫린 유공관을 묻고 구멍이 막히지 않게 부직포를 덮고 잡석을 깔고 묻으면 자연스레 스며드는 물은 유공관 안으로 들어가서 우리가 원하는 곳으로 물을 뺄 수 있을 것이다. 그 위는 구배를 잘 잡아서 콘크리트로 마무리 할 예정이다. 결론적으로 예상하지 못한 추가비용이 발생했다.

땅 측량을 마치고 나니 내 땅 안에 전신주가 아름답게 박혀 있다. 자칫 건물과 한 몸이 될 수도 있었다. 전기는 필요하지만 전신주를 보고 있으면 없는 아가미가 답답하다.

그 와중에 무슨 이유인지 모르겠지만 누군가가 군청에 민원을 넣었다. 어찌할 바를 몰라서 길 가는 할머님을 잡고 하소연을 하니 이구동성으로 한 사람을 지목한다. 그냥 마을마다 그런 분이 한 명씩 꼭 있다. 어쩔 수 없다.

대충 그분에 대해 들어보니 옆집과 아침에 허허거리고 웃다가 점심에 그 집에서 소똥을 안 치운다며 민원을 넣는 분이시란다.

신기한 건 태어나서 지금까지 입맛이 없어 본 적이 없었는데 어제부터 오늘까지 끼니마다 초코바 하나씩만 먹고 식욕이 안 땡긴다. 뭔가 먹어야 할 것 같아서 콩국수집에서 혼밥을 하는데 두어 젓가락밖에 안 들어간다. 살면서 신경을 많이 쓰면 그때마다 폭풍 식욕이 날카로운 신경을 무디게 만들었었는데 이번엔 조금 다르다. 전혀 아무것도 먹고 싶지 않다. 와이프가 걱정할까 봐 잘 먹고 있다는 거짓통화를 하고 있는 중이다.

웃으려 노력은 하는데 어색한 표정이 연출된다.

시골 허름한 숯가마에서 맥주 한 잔하고 그냥 자려고 하는데 맥주조차도 안 들어간다. 맥주를 겨우 뱃속에 구겨 넣고 억지로 잠을 자려고 뒤척이고 있는데 바로 옆에선 삼겹살을 굽는다. 여러 가지로 너무나 처량하고 또 처량한 밤이다.

숯가마라서 에어컨도 안 틀어서 눅눅하고 도로 옆이라 차 다니는 소리에 잠을 못 이루지만 내가 조금 아끼면 싱크대가 업그레이드 된다. 열심히 버티자.

몇 해 전 다이어트 책을 낸 적이 있다. 살면서 본 가장 빠른 다이어트는 돈 꿔주고 못 받는 채권자 다이어트, 민사소송에 휘말린 소송다이어트 등이 있는데 이번에 내가 직접 격어 보니 건축다이어트도 상당한 효과가 있다.

건축 시작 3일 만에 3킬로가 빠졌다. 건축다이어트 강추!!

인터넷에서 누구나 한 번쯤 읽어 봤음직한 이야기인 집을 지으며 10년 늙는다는 기사를 본 적이 있다. 내 경험상 결과물이 맘에 들지 않으면 사는 동안 10년은 더 늙는다. 합이 20년이다 .

오늘은 기초를 만들기 위해 형틀 만드는 작업을 한다. 이틀 동안 진행될 예정이다.

철근만 2톤이 들어가는 손이 많이 가는 공정이다. 나도 철근을 나르고 철근을 철사로 이어붙이는 작업을 같이 했다. 같이 일 하시는 한 분이 다른 공

사현장 예를 들며 때로는 대충 시멘트 붓고 철근 몇 개 휘휘 던지는 곳도 있다고 한다.

하루 종일 말없는 목수 네 명과 조용히 일하고 저녁이 되면 나 홀로 사람도 거의 없는 숯가마에서 급우울해진다. 오늘은 토요일이라 그런지 손님도 제법 많고 아이들이 밤늦게까지 떠들며 노래를 하는데, 나도 모르게 따라 부르게 된다.

"더 높이 날아 새로운 세상으로 너와 나의 히든카드로 빠빠 빠빠 빠빠 빠빠."

요즘 최고 유행인 애니메이션 터닝메카드의 주제곡이다. 나도 딸내미 때문에 은연중에 외워 버린 모양이다. 근데 한 아이가 나를 보더니 "빡빡이다"라며 노래가사를 빡빡빡빡으로 개사해서 부르기 시작했다. 잠시 후 모든 아이들이 나를 바라보며 깔깔거리며 빡빡빡빡을 합창하기 시작했다, 어쩌겠나! 애들을 상대로 싸울 수도 없고 나는 락커룸으로 도망가 잠을 청하게 되었다.

머리를 깎은 지 15년 만에 머리를 길러야겠다는 생각을 하게 되었다.

이 나이에 초딩들의 놀림의 대상이라니!!!

아직도 내 귓속에 계속 맴도는 '빡빡빡빡 빡빡빡빡 빡빡빡빡 빡빡빡빡'

숯가마에서 새벽 4시에 나왔다. 아이들의 빡빡빡빡 공격 이후에 어떤 아저씨의 우렁찬 코골이가 갇혀 있는 락커룸의 문과 열쇠통을 울린다.

그 아저씨를 피해 다시 숯가마의 홀 쪽으로 나가니 다행히 아이들은 어디론가 사라지고 없었다.

그래서 긴 의자에서 잠을 청하려는데 몇몇 아주머니들이 내 머리 위쪽으로 몰려와서,

"숯가마에 들어갔다 나오니 뽀송뽀송 해."

"만져 봐. 진짜 뽀송뽀송 해. 킥킥킥킥."

"뽀송뽀송 해. 킥킥킥킥."

20여 분간 이어진 아주머니들의 뽀송뽀송 어택. 뽀송뽀송이란 말이 징글징글하고 속을 울렁이게 만든다. 나는 앞으로 뽀송뽀송이란 단어를 쓰지 않겠다고 마음먹었다.

이 글을 쓰면서도 뽀송뽀송이란 단어조차 눈에 상당히 거슬린다.

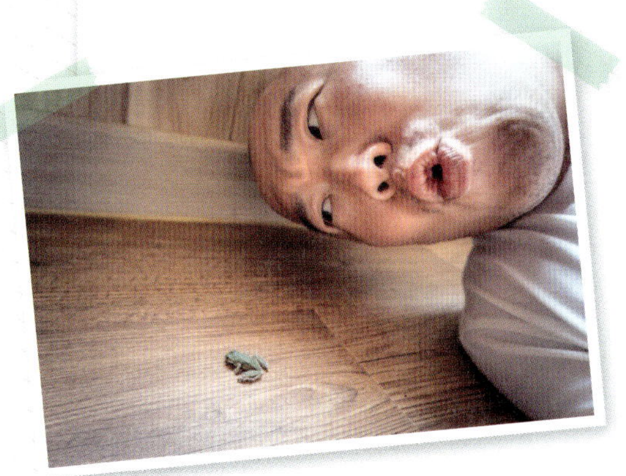

잠시 눈을 붙이기 위해 들어온 이동식주택에 손님이 왔다. 결국 나는 오늘도 제대로 잠을 못 잤다.

나는 잠을 잘 못 잤지만 그래도 부지런한 목수님들 덕분에 형틀이 거의 완성되어 간다.

마을이장님을 만나기 위해 면사무소에 전화를 걸었더니 개인정보라 안 알려준다. 그래서 동네할아버님께 여쭈어보니 친절하게 "저쪽 파란문 집"이라고 말씀하셔서 한 손에 박카스를 들고 동네에 파란문은 다 열고 들어갔다. 이장님은 찾을 수 없었다.

저쪽이란 기준이 10미터도 100미터도 아닌 어이없게도 약 3킬로였다. 그래도 박카스가 뜨거운 뙤약볕에 끓기 바로 직전에 이장님을 만나 뵙고 인사를 드렸다.

의외로 여성분이 이장님이셨다.

모든 가정은 크던 작던 뭔가 문제가 있다. 하물며 여러 가정이 모여 사는 마을에 문제가 없으랴?

이 마을에도 얼마 전 어마무시하게 큰 문제가 발생했다.

마을에 사람들이 모여 사는 주거지역 한 가운데 갑자기 공장이 떡 하니 들어온 것이다. 그 공장은 비닐공장으로 2급 발암물질을 비닐과 함께 생산해

낼 예정이란다.

그래서 전 주민이 힘을 합쳐 그 공장이 완공되지 못하도록 그리고 마을에서 떠날 수 있도록 싸우는 중이라고 한다. 그리고 그 맨 앞에는 치열한 사회운동을 하다 마침내 조용한 시골마을에 쉬려고 들어온 한 여성이 마을의 위기 앞에 이것은 본인의 숙명적인 삶이라 생각하고 마을 이장직을 맡아 싸우고 있다. 직접 만나서 얘길 들어보니 너무나도 믿음직스럽다. 그리고 여차하면 이장님은 강화군청에 트랙터를 끌고 갈 기세다.

나도 마을주민이기에 삭발식은 동참할 의사가 있다. 다 같이 삭발하자고 부르짖어 볼까?

마침내 기초형틀이 철근 복배근을 품에 안고 완성되었다.

전봇대를 옆으로 옮겨야 해서 한전과 통화하고 전봇대를 옮기기로 했다.

공사 5일째인데 벌써 힘이 다 빠졌다. 진심으로 후회된다. 왜 이런 짓을 했을까? 너무 힘든 나머지 머릿속에 생각이란 게 없어졌다. 그냥 힘들다. 그냥 싫다. 그냥 짜증난다.

드디어 기초 틀에 콘크리트를 부었다.
자 이제 잠시 휴식을 취할 생각이다.

고생한 목수님들과 더불어 사서 고생 중인
건축주와의 첫 삼계탕 회식.

그런데 또 문제가 발생했다. 분명 공사용 전기를 신청했는데 가정용 전기가 온 것이다. 어디서 말 전달이 잘못된 것인지 아니면 전기하시는 분의 실수인지 지금 그걸 따질 때가 아니다. 전봇대를 옮기기 위해 나온 한전 직원이 집이 지어지지도 않았는데 가정용 전기가 있으면 안 된다고 전기를 철수할 수밖에 없다고 한다. 어쩔 수 없어 당분간 옆집 주인 분에게 양해를 구하고 가정용 전기를 빌려 쓰기로 했다.

일주일 만에 보고 싶던 딸내미를 만났다.

딸내미가 집을 이런 식으로 지어달라고 한다.

신기한 건 딸내미가 그린 그림과 얼핏 비슷하게

나올 것 같다.

그 아버지에 그 딸이다.

반듯하고 믿음직스런 기초가 완성되었다. 그리고 이제부터 시작되는 고민과 걱정.

집 안에 들어가는 조명, 벽지, 문, 대문, 싱크대까지 모든 게 미정 상태이다. 생각하고, 가격 알아봐야 하고, 더 싸게 하는 법도 생각해야 하고, 모든 게 들어가는 타이밍이 있으니 그 타이밍에 제대로 들어가게끔 해야 한다. 자칫 타이밍을 놓치면 공사기간이 늘어날 수도 있다.

안 해봤으면 모르는 고뇌의 시간이 계속된다. 뭐 하나 업그레이드 하려고 해도 일이천만 원은 우습게 추가된다. 욕심 내지 말고 처음 생각대로 튼튼하고 깔끔하게 짓자.

하루 일과가 끝나고 숯가마를 가려는데, 트럭 한 대가 우리 집 공사현장 앞에 서서 오랫동안 떠나질 않는다.

간혹 공사현장의 자재들을 도둑맞는 경우가 많다고 한다. 특히, 여기는 강화도에서도 인적이 드문

곳인데다가 CCTV도 없기 때문에 혹시나 하는 마음에 블랙박스가 설치되어 있는 목수님의 차를 한 대 세워놓고 나는 이불 하나 없는 내 집 공사현장 바로 옆 이동식주택 맨바닥에서 잠을 청했다.

불안한 마음에 밥도 못 먹고, 밤새 혼자 춥고 외롭게 불침번을 섰다. 다행히 아침까지 모든 자재 이상 무.

드디어 벽체가 올라갔다.

SNS로 집짓는 사진을 올리니 많은 연예인과 지인들의 전화가 오고 심지어 강화도 현장까지 놀러 왔다.

오래 전 개그맨 박성호는 개콘을 버리고 옷찾사로 갔다가 실망을 안겼던 개그맨이다. 그런 박성호에게 개그대국이란 나의 필살기 아이디어로 개그콘서트에 복귀시켜 주었었다.

그 당시 박성호는 "석주가 나의 은인이야"라고 말
하고 다녔었다.
그리고 박성호는 공사현장에 박카스 한 박스와 엄
지 척을 해주고 떠났다.

집짓기는 누구나 관심이 많은 모양이다.
하긴, 땅이야 잘만 사놓으면 은행이자보다 좋을
것이고 집은 하루라도 빨리 짓는 것이 인건비가
싸게 먹히는 것이다. 매년 변함없이 인건비는 상
승한다.

화장실이 방 쪽에 붙어 있어서 와이프와 딸내미의 파우더룸이 좀 더 넓었으면 좋겠다는 생각이 들어 10센티를 넓히기로 했다. 그로 인해 기초에 박아 놓은 방부목을 뜯어내고 다시 박아야 한다. 내 고집이자 변덕이다. 이것조차도 공사기간의 지연으로 연결되고, 추가비용이 발생하게 된다.

벽체가 계속 올라가고 있다. 보면서도 뭔가 만들어지는 모습에 뿌듯해진다.

개그맨 선배 황봉알 형의 방문
"난 꿈만 꿨는데 너는 이루는구나! 대박!"을 외치다 감.

싱크대를 보러 갔다. 예상은 했지만 멘탈 붕괴가 일어났다. 눈은 좋은걸 원하고 지갑은 그렇지 못하다. 솔직히 뭐가 좋은지도 잘 모르겠다.

그 이유는 작은 쪼가리의 샘플을 보고 완성된 싱크대의 모습이 그려지지 않기 때문이다. 그럴 땐 요즘 대중적으로 많이 하는 게 어떤 건지 물어보면 된다.

전면이 반짝거리는 재질인 하이그로시라는 재질이 가장 잘 나가는 보급형이란다. 그 위 등급은 전체에 칠을 한 도장재질이란다.

재미난 후문을 들었다. ○○○기업 회장님 집도 하

이그로시란 보급형 재질로 싱크대를 했다고 한다.

상식적으로 이해가 가지 않는다. 재벌이 왜 보급형을?

그런데 재미난 건 재벌총수의 사촌동생이 인테리어 업자인데 보급형으로 싱크대를 만들어놓고는 수천만 원짜리라고 사촌형수인 사모님한테 자신 있게 말을 했다고 한다.

그걸 제작하고 설치했던 업자는 싱크대를 설치하며 조용히 웃었다고 한다.

그래서 나도 재벌 집에 들어간 하이그로시로 결정했다. 다행히 물을 받는 싱크볼은 예전과 가격변동이 없다고 한다. 그 이유는 시간이 지나면 어쩔 수 없이 자재값은 올라가지만 싱크볼 성분을 100프로 스테인리스에서 서서히 성분변화를 주면서 저가형은 그냥 스테인리스 코팅만 되어 있는 것이다. 그만큼 약하고 녹도 생길 가능성이 높다고 한다. 참 머리들 잘 쓰는 듯.

어차피 합리적인 소비를 해야 할 듯 싶다.

집짓기 11일차

집 천장에 장선을 설치하는 작업을 한다.

인터폰을 해야 하나, 말아야 하나 고민 중이다.

집 문을 단열문을 부착하려고 하다 보니, 단열문
에는 밖을 볼 수 있는 구멍이 없다. 그런데 거실에
큰 창이 있으니 필요 없을 것 같기도 하고, 있으
면 나쁠 건 없지만 CCTV를 달기로 결정했는데 인
터폰까지 필요할까 싶기도 하고 이 모든 게 추가
비용이니…. 하지만 와이프가 겁이 많은 성격이라
그냥 인터폰도 달기로 했다.

그나저나 천장 장선작업도 거의 끝나가고 지붕작업을 해야 하는데 한전에서 전신주를 아직까지 안 옮겨준다.

목수님들은 전신주를 빨리 옮겨 달라고 하고 한전 측에선 깜깜무소식이고, 중간에서 건축주는 계속 전화로 닦달을 하지만 답답하기만 하다.

전신주뿐만 아니고 전선이 또 문제다.

무슨 선인지도 모르겠고 이상한 선이 세 개가 있다. 과연 뭘까?

선의 정체가 뭔지를 알아내서 각 선의 관리자에게 옮기든가 묶든가 여하튼 우리 집 지붕에서 좀 떨어트려 달라고 해야 한다.

일단 궁여지책으로 목수님이 묶어주셨다.

내 집을 직접 지으려면 신경 써야 할 일이 정말 끝도 없이 많다. 아니 시작에서 끝날 때까지 모든 걸 신경 써야 한다.

어제 목수님들과 상량식 겸 삼겹살에 소주 한 잔 했다. 나는 아침까지 숙취가 풀리지 않는데 컵으로 소주를 들이 킨 목수님들은 일찍부터 다람쥐처럼 지붕을 날아다니며 서까래 작업을 하신다. 저 사람들 뭐야?

그나저나 와이프한테 많이 미안하다. 솔직히 혼자 먹고 자며 집지으면서 가장 먼저 생각나는 사람이 딸내미다. 와이프를 덜 사랑하는 게 아니고 딸내미의 재롱이 너무나도 고프다.

짬을 내 딸내미와 이케아 나들이.

솔직히 이케아는 나와 맞지 않는다. 특히 음식이 별로다. 분위기가 비슷한 코스트코랑 비교하려 했던 건 나의 큰 착오였다. 그리고 샵에서 가구를 보면 저렴해 보이는데 나중에 집에 도착해서 완성이 되면 비싸다는 생각이 든다.

그래서 내 지인 중 한 명은 이케아를 "싼데 비싸"라는 명언을 했다.

신기한 구조다.

맘에 드는 싱크대가 있어서 배송비와 조립비를 물어보니 조립을 안 해주는 물품이란다.

아무리 돈을 많이 주어도 조립을 안 해준단다. 돈이면 다 된다는 내 머릿속의 상식이 흔들리기 시작했다. 심지어 싱크대 상판에 가스레인지를 달기 위해서는 그만큼의 면적을 뚫어야 하는데 그것도 구매자가 알아서 하라고 한다. 오기가 생겨서 인터넷에 이케아 조립하는 업체에 전화해서 물어보니 조립비가 어마어마하다. 그래서 이케아 주방은 시원하게 포기했다.

이케아에서 상담을 하는데 공사현장에서 목수님
의 다급한 문자가 도착했다.

"술 취한 동네아저씨가 공사현장에 들어와서
나가질 않네요."

만약 우리 집 공사현장에서 술 먹고 비틀거리다
다치기라도 하면 무조건 건축주 잘못이란다.
그냥 넘어가는 날이 하루도 없구나!

도기타일 가계에 상담을 하러 점심시간에 가니 사장님이 밥을 사주신다. 그리고 나눈 이야기.

건축업자들이 도기타일 가계에서 300에 견적을 내고 다시 400영수증을 써 달라고 하는 경우도 있다고 한다. 그러면 400짜리 영수증은 누구에게 가는 걸까? 아마도 건축주가 될 것이다. 그래서 조금 힘들어도 소위 업자에게 맡기지 않고 직접 하길 잘했다는 생각을 했다.

내일 비 온다하여 목수님들이 조금 서둘러서 지붕에 방수지를 붙이고 벽에 방수투습지를 붙인다. 벽에 붙이는 방수투습지의 기능은 물은 못 들어오게 막고 습기는 밖으로 빼내는 기능을 한다. 그리고 재미난 사실은 우리가 겨울철에 입는 파카 고어텍

도기타일 가계 사장님이 사주신 콩국수.
타일값에 포함하지 않기로 약속.

스천이 바로 방수투습지라는 것이다. 마치 청바지
를 배에 다는 돛의 천에서 착안해서 만든 것처럼.
건물 외벽에 붙이는 방수투습지에서 착안해서 고
어텍스 파카를 만들었다고 한다.
오늘은 창호까지 달았다.

드디어 집짓기 시작한 지 14일 만에 골조를 완성
했다.
날씨가 많이 도왔다.

골조완성 기념으로 개그우먼 강남영 누나가 dragon money(용돈)을 하사함.

집짓기 시작하고 첫 비가 내린다.

완전무장을 하고 비를 맞기에 다행이다. 강풍을 동반한 비가 온다. 집이 집다운 모습을 갖추자마자 첫 신고식을 호되게 한다. 다행히 비는 단 한 방울도 새지 않는다.

예전에 살던 전원주택을 잠시 떠올렸다.

비가 올 때마다 거실 바닥에 하나둘씩 늘어갔던 플라스틱 양동이들을 이제는 더 이상 떠올릴 필요가 없게 된 것이다.

비가 오면 비가 올 때 할 수 있는 내부 작업을 하면 된다.

지붕 방수 확인이 끝나고 내부 보강작업에 들어갔다.

목조주택을 지을 때 쓰는 못이다. 자세히 보면 못의 색깔이 다르다. 앞부분 노란색은 본드다. 그래서 못을 박을 때 열 때문에 본드가 녹아 붙어서 더 단단하게 붙는 것이다. 그리고 중간부터는 녹슬지 말라고 아연도금이 되어 있는 것이다.

예전 사람들 그러니깐 망치로 집짓던 시절엔 못 앞부분에 침을 발라서 박았다고 한다. 그러면 못 앞부분이 나무속에서 녹이 쓸어 더 단단하게 고정되었었다고 한다.

전기 기사님이 오셨다.

어디에 등을 설치하고 어디에 스위치가 있을 것이며, 콘센트가 들어갈 곳을 미리 미리 계획 했음에

도 불구하고 막상 전기 기사님과 함께 체크를 하고 다니다 보니 처음 마음먹었던 위치가 바뀌고 생각도 많아지며 계획도 우왕좌왕하게 된다 .

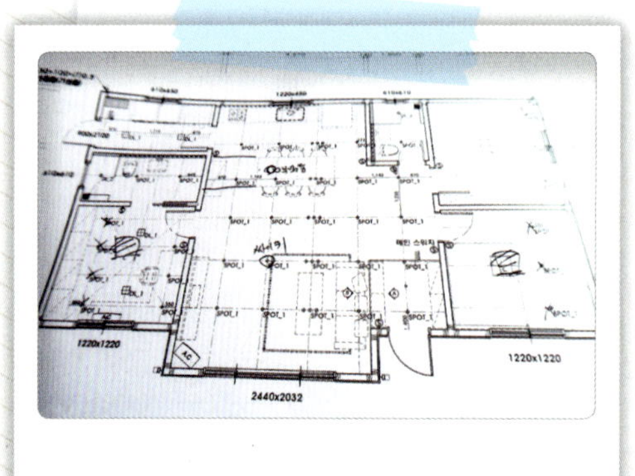

최종적으로 외부 벽등은 다 빼기로 결정했다.

아무리 생각해도 외부 벽등은 남에게 보여주기 위한 등인 것 같다.

왜냐하면, 전에 전원주택에서 살아보니 평소에는 전기세가 아까워 절대 켜놓질 않았었다. 단지, 손님이 왔을 때만 우리 집의 모습을 보여주기 위해 켜는 등이 바로 외부 벽등이었다. 그래서 더 많이 사용할 법한 LED서치라이트 5개를 설치하기로 결정하고 추가적으로 집에 들어올 때 문 앞에 켜지는 센서등을 달기로 하였다.

이 센서등도 주변 고라니나 강아지, 고양이들이

돌아다니면 켜졌다 꺼졌다를 반복할 수 있으니 내부에서 차단할 수 있는 스위치를 배치하였다.
잘 모를 때는 전기 기사님의 말을 따르는 것도 나쁘지 않다.

혼자 많은 일을 하고 많은 생각을 하고 많은 계산을 하다 보니 혼자만의 세계에 갇힌 기분이 자주 든다. 그러다 보니 갑자기 우울해졌다가 또 갑자기 힘이 솟구쳤다가 기분이 롤러코스터다.
이런 변화무쌍한 기분을 이겨내는 건 완성된 집을 보며 웃을 와이프와 딸아이 생각밖에 없다.

한국말로는 '비계', 일본말로는 '아시바'라는 걸 세우고 외부 위쪽 작업을 한다. 그런데 한 목공분이 '아시바'는 순수 우리말이라고 한다. 왜냐하면 작업을 하며 '아시바'를 지나가다 보면 머리를 자주 부딪치는데 바로 그때 자연스레 입에서 "아씨바"가 나온다고 한다. 그래서 '아시바'라 하는데… 믿거나 말거나.

아시바, 아쉬바, 아씨바.
부딪힌 강도에 따라 달라지는 발음.

레이더를 펼쳐 인터넷은 물론이고 친구 친구에 친구 아는 사람의 아는 사람까지 내게 필요한 걸 다 알아보았다. 그랬더니 조금이라도 아낄 수 있었다. 건축자재라든지 조명 같은 건 생각보다 돈이 많이 들어간다. 여기서 비용을 아꼈더니 건축비가 많이 줄어들었다.

알아보는 작업이 생각보다 귀찮다. 그런데 이것저

것 알아보다 보면 이런 얘기를 많이 듣게 된다.

"이건 우리가 대한민국에서 제일 저렴합니다."

그런데 알아보다 보면 그것보다 더 저렴한 곳이 많다.

전기 설치하시는 기사님에게 기가 막힌 이야기를 들었다.
강화도에서 약 5년 전에 조립식 주택을 짓고 이틀 후면 준공이 떨어지는데 번개를 맞아 홀라당 다 타버렸던 적도 있단다. 얘기만 들었는데도 허무해진다.

CCTV 1차 배선을 했다.
나는 CCTV하는 분도 인터넷으로 5년 전부터 행적을 훑어보고 연락했다. 그리고 후기가 좋은 분을 찾았다.
소비자가 바보도 아니고 후기만 봐도 돈 받고 쓴

것인지 아니면 진심 어린 후기인지 정도는 알 수 있었다.

에어컨 배선은 실외기를 뒤로 빼려고 하니 길이가 길어져서 에어컨 두 개를 놓는다는 가정 하에 배선만 46만 원이란다. 그래서 외관 포기하고 나중에 실외기를 앞으로 뽑기로 하고 이번에는 안 하기로 하였다.

'소핏네일러 작업' 즉, 처마 바람구멍 작업이 시작되었다.

목조주택에 쓰이는 나무등급은 2&BTR을 쓴다. 물론 북미권에서도 집을 지을 때 많이 쓰는 등급이다. 그 위 등급은 진짜 예민한 사람이 집을 짓거나 외부가 깨끗해야 하는 가구를 만들 때 쓴다고 한다. 그런데 강도에 있어서는 그 위 등급과 차이가 없다고 한다. 단지 매끈하고 예쁘다는 것 빼고

는. 그리고 벽체를 구성하는 합
판인 OSB는 미국산과 캐나다
산이 주종을 이룬다고 한다.

외부 서까래와 벽을 잡아주는 보조철물은 허리케
인 같은 태풍이 와도 끄떡없다는 의미로 허리케인
타이란 재미난 이름을 쓴다.

무엇을 하기 전에 많은 사람들에게 조언을 구해야
한다. 그 많은 사람들이 꼭 내가 알고자 하는 것에
정통한 사람일 필요는 없다. 전혀 상관없는 사람
들이 정답을 내려주는 경우도 많다.
어차피 최종결정은 건축주 몫인 것이다.

목수님들께서 고생하는(?) 건축주를 위해 고기 파
티를 열어주셨다. 목수님들이 항상 말하는 게 좋
은 집이 나오기 위해서는 목수와 건축주의 합이
좋아야 한다고 한다.
지금까지는 합이 100점이다.

집을 짓다보면 싱크대와 도기타일 그리고 바닥벽지 사장님들과 자주 회의를 한다. 이 모든 게 한번하면 오랫동안 지속될 것들이기에 더더욱 신중해야만 한다.

그런데 이런 과정을 결정할 때는 꽤 많은 부부가 서로의 이견을 좁히지 못하고 거의 이혼직전까지 가는 상황이 발생하기도 한다고 한다.

어떤 집은 싱크대 공사가 끝났는데 와이프가 나타나 다 해체하라는 경우도 있었다고 한다. 다행히 우리 부부는 별 다툼 없이 결정을 할 수 있었다. 그러니까 사전에 부부끼리 많은 대화를 한다면 이런 위기는 없을 것이다.

오늘 날씨는 변덕이 심하다. 아침에 목수님들이 오셨다가 비가 와서 그냥 가셨다. 그런데 목수님들이 가자마자 바로 해가 쨍쨍하다. 계속 비가 온다는 기상청의 예보는 언제나 그랬듯이 빗나갔다. 사실, 목조주택을 짓는 과정에서 비를 맞았다고

해서 집이 망가
지는 건 절대 아
니다. 마감공사
를 하기 전까지
어느 정도 말려

서 목재 안에 수분함유량이 19프로 정도면 괜찮은
데 어떤 예민한 건축주는 벽체에 비를 맞았다고
골조를 통째로 부숴버리고 다시 짓는 경우도 있었
다고 한다.

오늘은 목수님들이 외부공사는 안 하지만 실내에
서 설비작업을 한다. 습기가 올라오지 못하게 스
티로폼을 깔고 그 위에 따끈한 물이 흘러 온돌방
을 만들어줄 호스를 깐다. 이 작업을 '엑쎌작업'이
라 부른다.

하루 만에 앞쪽은 완성

도시에선 그냥 쓰레기일 고장 난 장판이
현재 나에게 황홀한 잠자리를 제공해준다.

드디어 지붕작업이 시작되었다. '아스팔트싱글'이란 자재로 지붕을 덮을 예정이다. 물론 더 비싼 자재도 많지만 '아스팔트싱글'의 장점은 보증기간이 20년 이상이다.

난 평소 잠을 잘 때 옆으로 누워서 길쭉한 베개를 끌어안고 잔다. 그리고 내가 지금 자는 곳은 두 군데다. 한 곳은 숯가마 또 다른 한 곳은 건축현장 옆 이동식주택이다. 두 군데 모두 딱딱한 바닥이라 내가 옆으로 누우면 바닥과 닿는 나의 몸의 뼈들이 너무나도 아프다. 더 이상 견디지 못하고 18일 만에 처갓집에서 고장 난 장판을 가지고 왔다. 나는 지금 그 어느 특급호텔방보다 행복하다.

갑자기 비상사태가 발생했다. 진돗개

루씨가 탈출했다.

루씨는 집이 다 지어질 때까지 전에 살던 집 옆집 할머님께 부탁한 상태였다. 그런데 루씨가 목줄을 풀고 탈출을 했다는 것이다. 할머니와 할아버지는 한밤중에 놀라서 잡으려 하는데 잡히지 않았다고 한다. 다행히 내가 살던 집 현재주인이 루씨의 무사귀환 문자를 보내왔다.

남의 집 마당에서 배 깔고 편안하게 자고 있는 모습을 보고 있는데도 가슴이 아프다.

목수님들과 한 잔해서 오늘은 못 가고 전화해서 잘 좀 부탁드린다고 하고 내일 아침 데리러 가야겠다.

그나저나 이동식주택 안에는 절대 잡히지 않는 모기가 있다. 웽웽 소리에 잠을 깨서 몇 번이고 잡으려 해봤지만 눈에 보이지도 않고 불만 끄면 활동하고 불을 켜면 보이지 않는다. 마치 누군가 나를 괴롭히기 위해 초소형 드론을 침투시켜 드론에 붙어 있는 카메라로 나를 보며 움직이고 있다는 착각을 들게 할 정도다.

익숙해지니까 이제는 포기를 하고 웽웽 소리가 나면 온몸에 힘을 빼고 죽은 듯이 가만히 누워 있게 된다. 그럼 잠시 후 몸 한구석이 살짝 따끔하며 가렵다. 그때도 잡으려 한다면 그 웽웽 소리를 밤새 계속 들어야 한다. 그래서 조용히 모기에게 내 피를 바친다. 그럼 잠시 후 나의 혈액으로 한껏 포식한 모기는 어디론가 유유히 사라지고 나에게 꿀잠을 선사한다.

눈이 오나 비가 오나 근무 중. 이상 무 루씨.

푸근한 루씨.

루씨 생각에 일찍 일어났다. 개는 그렇단다. 주인이 자신을 버려도 자신이 주인을 잃어버렸다고 생각을 하고, 그 주변에서 계속 주인이 오기만을 기다린다고 한다. 그래서 루씨는 목줄을 끊고 예전에 살던 집에서 나를 기다리는 것이다.

인간들이 욕을 할 때 개만도 못한 놈이란 말을 많이 한다. 그런데 내가 키우는 루씨나 쓰봉이를 볼 때면 과연 개만한 사람이 있을까라는 의문이 든다. 사람이 개를 버리는 것이지 개는 절대 주인을 버리지 않는다.

내 품에 안기자마자 웃는 표정을 짓는 루씨

아니 주인을 잃어버리면 남은 생이 다 할 때까지
주인을 잊지 않고 그 자리에서 기다린다고 한다.

그 누구에게도 잡히지 않는다던 루씨가 나를 보자
마자 마치 오랜 시간 출장 갔던 아빠를 만나는 딸
아이의 모습처럼 신이 난 표정으로 달려와 내 품
에 안긴다.
루씨의 행동에는 내가 자신을 버렸을 거라는 의심
이 전혀 없다. 루씨는 그냥 너무나도 반갑고 내 품
이 좋고 또 같이 놀고 싶은 것이다.
루씨를 안자마자 마흔이 넘은 아저씨의 눈에서 어
린아이같이 눈물이 흐른다.
사실 옆집 할머님께 루씨를 맡기고 단 한 번도 보
러 가질 않았다. 그 이유는 너무 가슴이 아프기 때
문이다. 그런데 건강하게 잘 있는 루씨를 보니 너
무 고맙다.
또다시 헤어져야 하는 상황이지만 루씨 귀에다 대
고 널 버리는 게 아니고 잠시 떨어져 있는 거라고

말했다. 돌아오는 길에도 낑낑거리며 자기도 데리
고 가라 한다.
'좀만 참아라. 곧 데리러 올게. 루씨야!'
건축현장으로 돌아오는 길에도 눈물이 흐른다.

지붕 '아스팔트싱글작업'과 처마작업을 한다. 처마
밑을 '소핏'이라 부르고, 처마끝 부분을 '페이샤'라
한다. 그 부분을 무슨 색으로 할까 고민 중이다.
전신주를 빨리 뽑아야 하고, 상수도도 빨리 연결
해야 하는데 깜깜 무소식이다.
외벽도 최대한 빨리 작업을 해야 하는데 내가 섭
외한 외벽팀의 스케줄 맞추기가 어렵다.
요즘 내 집짓기 열풍은 열풍인가 보다.
주택관련 공사팀들 섭외가 대체적으로 힘들다.
최대한 빨리 오라고 부탁했다.
하루라도 조용한 날이 없는 내 집짓기 현장에 김
정일 아나운서 형이 왔다.

"오늘 반성 많이 하고 간다. 10년 어린 후배도 이렇게 열심히 사는데…"라는 말로 힘들어 하는 후배의 기분을 UP시켜주고 가셨다.

오랜만에 씻으러 숯가마에 왔다.

사람이 없어서 잠시 눈이나 붙일까 생각했는데 목구멍에 가래가 오르락내리락하는 걸걸한 목소리의 할아버지가 나지막한 목소리로, "사람도 죽고 동물도 죽고 나도 죽고 다 죽는다. 어차피 죽을 거 미리 죽을 수도 있는 거지, 죽는 게 뭐가 무서워"라며 이상한 리듬에 가사를 붙이며 노래형식으로 부르면서 거적을 머리에 얹고 숯가마를 들락날락 하신다. 여기서 자는 건 오늘도 포기다. 축 쳐진 몸 이끌고 다시 이동식주택으로 간다.

잘 잔 기념 셀카. 입는 침낭이
보기는 우스워도 상당히 따뜻하다.

공사 시작한 지 20일 만에 제대로 잤다고 말할 수 있게 잔듯하다.

20일 정도 되니 목수님들이 서서히 지쳐가는 듯한 느낌이 든다. 지쳤다기보다 조금 지겨운 느낌…. 뭔가 청량제가 필요하다.

반지의 제왕에 반지 원정대가 있으면 집지을 때는 목수 원정대가 있다.

이분들도 각자의 집에서 멀리 원정을 와서 자고 먹고 일하시는 분들이다.

틈틈이 목수님들 쉬는 시간마다 하나씩 풀어주던 재미난 연예계 비화 레퍼토리가 이제는 동이 났다. 명색이 개그맨인데 레퍼토리가 20일 만에 동이 나다니….

아-, 개그콘서트 개그 짜는 심정으로 목수님들을 대하자.

'소핏작업'이 진행됨에 따라 '페이샤'를 검은색으로 해야겠다고 마음을 먹었었는데 그냥 흰색으로 하기로 결정했다.

집을 짓다보니 그동안 내가 어떻게 살았는지 새삼 느끼게 됐다. 갈 곳 없는 동생을 집에 데리고 와서 몇 년간 함께 살아도 봤고, 무명개그맨을 유명개그맨으로 만들어도 봤고, 잘 나갈 땐 연락도 없더니 필요할 때 전화해서 100일간 단물만 빨아먹다가 가 버린 친구….

덕분에 토사구팽 된 기분에 힘들었던 기억. 다신 사람들과 교류하지 않겠다는 심정으로 시골로 들어왔지만 집을 지으며 SNS에 힘들다고 찡찡대니 많은 사람들이 위문공연과 함께 힘내라는 금일봉을 전달해 주었다. 그리고 속속들이 도착하는 구호물자들….

내 나이 43에 든 생각은 '나 참 잘 살고 있었구나! 나 성공했구나! 그리고 좋은 사람도 많고 아직까

지붕작업이 거의 다 끝나간다.

지 지구는 살만한 곳
이다!'

내가 현재 잘 살고 있
는가? 또 주변사람들
이 나를 어떻게 생각
하는가는 집을 지어보면 금세 알 수 있을 것이다.
그 와중에 한 목수님이 솔직한 얘기를 한다.

"사실 건축주가 이런 식으로 계속 있는 건 처음
봐요. 보통 일주일에 한 번 정도 와서 잠시
있다가는 정도에요. 솔직히 건축주가 항상 옆에
있다는 건 많이 부담됩니다."

음…, 부담은 당연히 되시겠지만 개인적으로 내
성격상 무슨 일이건 남한테 맡기는 성격이 아니라
어쩔 수가 없다.
지금 생업 즉 개그맨으로 들어오는 행사들도 마다

하고 여기 있다.

부담 드려 죄송하지만 끝까지 있으렵니다. 우리는 같은 팀이라 생각하고 같이 열심히 하자고요.

내가 있는 이동식주택은 당연히 TV나 인터넷이 없다. 나는 몇 날 며칠 TV는 못 봐도 단 하루도 딸내미 재롱을 못 보면 힘들다. 내 핸드폰에 와이프 이름은 "스워이 막마"다. 그 이유를 묻는 사람들이 많다. 그 이유는 신혼여행을 태국으로 갔었는데 태국에서 여성에게 쓰는 최고의 칭찬은 '스워이 막마' 한국말로는 '정말 어마어마하게 예쁘다'

드디어 마침내 고대하던 기다리고 기다리던 한전 측 일을 받아 하는 업체에서 전신주 옮기는 것 때문에 왔다. 내일아침에 작업을 하기로 했다.

바닥에 시멘트를 부어 반듯한 바닥을 만드는 방통 작업을 한다. 자세히 보니 한 군데 습식과 건식 분리작업을 안 해놓았다.

"팀장님, 화장실 습식과 건식 분리 안 해도 되나요?"

"앗! 그걸 안 해놨네."

부리나케 혼자 작업을 하신다. 베테랑인 목수님도 사람이다. 사람은 당연히 실수를 한다. 그게 중요한 게 아니고 처음부터 같이 하지 않았으면 나도 몰랐을 것이다.

내 집을 짓는 것이니 항상 건축주는 꼼꼼하게 지켜보면서 실수를 줄이면 된다.

드디어 시작된 방통작업.

여기서 팁을 하나 드리자면, 시멘트 작업은 겨울

을 피하는 것이 좋다고 한다.
동절기엔 방통작업을 할 때는 열을 발생시키기 위해 시멘트의 양이 더 많이 추가된다는 것이다.
그래서 가격도 루베당 1만 원 비싸다고 한다.

드디어 전봇대를 뽑는다.
전봇대를 뽑으러 오신 분이,

"미리 좀 연락하시지…. 집을 짓기 전에 뽑아야지 집을 짓기 더 쉽지."
"네? 20일 전부터 계속 연락 드렸었는데요?"
"아 그래요? 우리는 보고받은 게 없는데…."

몇 번을 전화해서 뽑아달라고 애걸복걸했는데 보고받은 적이 없다 하신다.
계속 전화하길 잘했다는 생각이 든다.

현재 집과 전봇대의 거리는 3센티 전봇대를 뽑다
가 집을 건드리기라도 한다면 어쩌지?
정말 많은 걱정이 머릿속을 맴돈다.
치과에서 앓던 이 뽑듯이 아주 정확하고 시원하게
뽑는다. 역시 선수는 선수다. 그동안 했던 걱정 중
하나가 마무리되었다.

3센티 차이의 간격밖에 없는 거리.

방통양생을 위해 처갓집에서 하루 휴식하려고 했는데 하필 그동안 연락이 없던 상수도업체에서 공사현장에 왔단다.

어찌할까 고민하다 오늘은 쉬기로 하고 내일 다시 오시라고 했다.

막상 쉬기로 했는데 내일 한꺼번에 벌어질 버라이어티한 일들이 나를 기다리고 있다는 생각에 머리는 쉬질 못한다.

요즘은 그런 생각을 한다.

잠이란 건, 잘 수만 있다면 푹 자는 게 좋을 것 같다.

세월이 지나감에 따라 내 머릿속에 무슨 패치가 적용됐는지 5시간만 자면 귀신같이 눈이 떠진다.

아무리 피곤해도 나에게 늦잠이란 이제 없어진 것 같다.

심지어 술을 마시면 어릴 때는 숙취가 해소될 때까지 무한정으로 잠을 잤는데 이제는 술을 마셔도 숙취는 그대로 있는데 눈은 떠진다.

집짓기 23일차

꼬인다 꼬여!

자재와 지게차가 일찍 도착했다. 그리고 상수도 공사팀도 일찍 도착했다. 그런데 항상 일찍 오던 목수팀이 오늘따라 늦게 도착했다.

가정용 상수도관이 생각보다 상당히 가늘다.

빨리 자재를 내리고 상수도 공사를 해야 하는데 자재를 안 내리고 있으니 상수도 공사팀에서 짜증을 내신다. 물론 이해가 간다. 그냥 답답하다.

상수도 공사를 위해 땅을 파던 포크레인이 뭔가 이상한 파이프를 끊었다. 상수도 관계자도 무슨 관

인지 모르겠다고 하고 목수님도 물이 흘러나오지
않는 걸로 봐서 그냥 버려진 관인 것 같다고 한다.

그냥 지나치려다 혹시나 해서 내가 잠시 머물고
있는 이동식주택의 물을 틀어보았다.
물은 잘 나온다.
아니다. 조금씩 수압이 약해진다.
어!! 물이 끊겼다.
지하수 연결관을 끊어버린 것이다.

내가 발견 안 했으면 상수도 묻고 그냥 시멘트로
발라 버렸을 것 아닌가? 진짜 하루라도 바람 잘
날이 없다. 다시 한 번 또 강조하지만 건축주가 모
든 것을 신경 써야 한다.
거기다 꿉꿉하게 소나기까지 내려주신다.
공사하는 날 중 오늘이 최악의 날로 꼽힐 듯.
끝까지 지하수는 해결을 못했다.
결론적으로 내가 머물고 있는 이동식주택에 물이
안 나오기에 목수님 차를 타고, 다신 가지 않을 거
라던 숯가마에 도착.
전생에 인연이 있는 건지 숯가마 고정게스트인지
는 모르겠지만 뽀송뽀송 아주머니들께서 얼굴에
너구리모양의 팩을 얹고 또 등장하셨다. 알고 싶
지 않은 어마어마한 가정식 무용담이 시작된다.
난 조용히 자고 싶다….

오랜 시간 계속 잠을 자고 싶었다. 하지만 숯가마에서 잠을 자는 많은 사람들의 핸드폰이 새벽 5시부터 5분 간격으로 최신유행가부터 트로트 그리고 그냥 벨소리까지 막 이것저것 엉켜서 쏟아지기 시작했다.

잠에서 깨어나지 못하는 건지 계속 알람이 울리기도 했다. 저 소리를 듣고도 계속 잠을 자는 사람의 둔감한 청력이 부러울 따름이다.

오늘도 활기차게.

상수도 공사팀이 어제 고치지 못한 지하수를 고치고 있다.

지하수가 고장 났다는 걸 깜빡한 목수님이 이동식 주택 화장실에 응가를 해놓았다. 물을 내리지 못하니 큰일이다.

다급해진 목수는 상수도 공사팀을 재촉하기 시작했다.

'뭐지?'

상수도 공사팀이 왜 목수한테 욕하는 거지?

알고 보니 강화도 사투리였다

"왜 그러실까"의 강화도 사투리가 "왜그러 시꺄"

인데 얼핏 들으면 "왜 그래 새끼야"로 들린다. 얼

핏 들으면 '욕' 같다.

강화도 사투리는 "안녕하세요"를 "안녕하시꺄"로

"오셨습니까"를 "오셔시꺄"로 말한다.

듣다보면 기분이 애매모호하다. 존댓말도 아닌 것

이 반말도 아니고.

강화도 토박이에게 들은 바에 의하면 예전 강화도

는 양반들의 유배지였다고 한다. 막상 양반들이 유배를 와서 먹고 살려면 평민들과 대화를 나눠야 하는데, 반말을 하면 먹고 사는데 지장이 있을 것이고, 그렇다고 양반 체면에 평민한테 존댓말을 쓸 수도 없고 해서 존댓말과 반말의 중간 말을 쓰기 시작해서 생긴 말이 강화도 사투리라고 한다. 알았시꺄?

외벽작업을 한다.

나는 외벽을 '스타코플렉스'란 재질로 뿌리기로 했다.

'스타코플렉스'는 쉽게 말하자면 페인트라 보면 되는데 마르면 그 재질이 고무처럼 늘었다 줄었다 하는 나무의 탄성과 함께 움직일 수 있는 재질이라 목조주택에 많이 쓰이는 외벽재다.

'스타코플렉스' 시공을 하기 위해서도 순서가 있다.

그 첫 번째로 레인스크린을 덧대고 '버그가드'를 친다.

외벽을 시공하기 전 벽과 외부 스티로폼 사이에 얇은 틈을 만든다. 이 틈을 따라 공기가 순환을 하며 습기를 빼내는 역할을 하는데, 이 틈을 '레인스크린'이라 부른다.

그런데 목조주택에 숨구멍 같은 공간인 레인스크린은 열 집 중에 두 집만 시공한다고 한다. 그리고 그 두 집이 대부분 건축주가 직접 시공하는 집이라고 한다. 그리고 싸게 지어 비싸게 팔려고 하는

핑크색 스티로폼을 대서 공기순환구조를 만든다.
이것이 바로 레인스크린이다.

업자들이 짓는 집들은 대부분 '레인스크린'은 생략
한다고 한다.

'버그가드'는 말 그대로 벌레가 침투하지 못하도록
외벽에 망을 대는 작업이다. 이것도 귀찮아서 빼
버리는 경우도 많다. 그런 집은 벌레가 많은 집이
되는 것이다.
특히, 돈벌레.
집안에서 돈벌레의 습격을 받아 본지라 집을 짓기
전에 가장 중요시하는 것 중 하나가 바로 버그가
드였다.

집짓기 25일차

내부 석고보드작업과 문 달기 작업. 그리고 외부 '스타코플렉스' 준비과정을 한다.

Facebook에 매일 라면 먹는 동영상을 올리니 주변에서 불쌍하다며 구호물품을 보내준다. 심지어 먹을 것을 바리바리 싸들고 찾아오는 사람도 많다.

어제 나를 찾아온 방송PD인 김우현PD에게, "내가 사는 거 보니깐 어때요?"라고 했더니 의외의 답이 나왔다.

"독해요!"

남들 눈에는 내가 독해 보이는 것 같다. 하지만 내 집을 지으려면 독하지 않으면 안 된다. 그래야 돈도 아끼고 튼튼하고 하자 없는 집을 지을 수 있다.

외벽 마무리공사 '스타코플렉스'를 완성시켰다.

외벽팀은 두 분이다. 한 분은 사장님 또 한 분은 직원이다. 그런데 같이 오셨는데 오전 내내 사장님 혼자 작업하신다.

잠시 후, 사장님은 작업하다 말고 논길을 가로질러 어딘가 간다. 그리고 저 멀리서 직원을 만나 몇 마디 하더니 직원은 숲 풀 속으로 사라지고 사장님 혼자 다시 돌아와서 작업을 하신다.

궁금한 건 못 참는 성격에 무슨 일이 있는지 사장님께 물어보니, 직원이 어제 술을 많이 마셔서 술병에 걸려 숲풀에서 자야 한단다.

이런 상황에서 사장님은 화 한 번 안 내고 조용히 두 사람 몫의 일을 한다. 그래서 원래는 오전 내에 모든 작업이 끝날 수 있었지만 둘이 할 작업을 혼자 하다 보니 목수님들이 다 퇴근하고 나서 어둑해질 무렵에야 외벽작업을 끝내셨다.

사실 화가 나면 일에 지장이 있기 마련인데 외벽작업도 아주 정갈하고 깨끗하게 해주셨다.

어찌 그리 맘속의 화를 잘 다스리는지에 대해 여쭈어보았다. 그랬더니 말씀보다 자신의 핸드폰에 쓰여 있는 좌우명 같은 것을 말없이 펼쳐 보여주신다. 손 때 묻어 무슨 말인지는 잘 보이진 않았지만 그 뜻은 고스란히 내 맘속에 전해진다. 아마 사진만

봐도 알 수 있으리라 생각된다.

'화난다고 화내면 뭐하냐. 어차피 나에게 주어진 삶 모든 게 내 탓이려니 하는 거지'라는 느낌을 받았다.
어찌 되었던 간에 하얗고 예쁜 집이 탄생과 동시에 외벽작업도 모두 끝났다.

개그우먼 전효실 누나의 위문공연

드디어 외부는 완성.

내부작업에 들어간다.

그 첫 번째가 벽 안에 단열재를 채우고 석고보드로 벽을 막는 작업이다.

그리고 내부를 벽지로 할 것인가, 칠을 할 것인가. 미리 결정해야 한다.

부부 회의를 거쳐 칠을 하기로 결정하였다. 벽지에 비해 칠은 비싸고 사후관리도 까다롭지만 단한 가지 예쁘다. 그래서 페인트집 사장님께 계약금을 드리고 화장실 방수까지 하기로 하였다.

공사현장에 찾아온 연예인들이나 주변 친구들 그리고 전원생활에 막연한 두려움을 가지고 있는 분들이 나에게 이런 말을 자주한다.

"난 이렇게 벌레가 많은 곳엔 못 살어…."

하지만 정작 본인들은 벌레마저 살지 못하는 곳에 살고 있지는 않은가?

계속되는 내부 석고보드 작업.

화장실 방수 때문에 어제 만난 페인트 사장님께
전화를 드렸다.

"사장님 내일 화장실 방수부터 부탁드려요."
"이거 진짜 죄송하네요. 며칠 걸릴 것 같습니다.
오늘 어머님께서 돌아가셔서요…."
"……"

미리 어느 정도 생각했던 부분에서 문제가 생기면
당황은 안 하는데 생각하지
도 못했던 부분에서 문제가
생기면 많이 당황스럽다.
여기는 단 하루도 바람 잘날
없는 강화도 내 집짓기 현장!

집을 짓기 위해 이동식주택과 찜질방을 오가며 먹고 자다 보면 집에서 아침에 일어나 먹고 싸고 씻고 나가는 개운함이 얼마나 소중한가를 다시 한 번 느끼게 된다.

집에 대리석이 들어갔으면 좋을 것 같은 곳이 있다. 가격을 알아봤더니 만만치 않다. 그래서 현재 공사 중인 인테리어 업자 친구에게 전화해서 자투리 대리석이 있냐고 물었더니 다행히 있단다. 그리고 공짜로 줄 테니 가지고 가란다.

'아싸, 돈 굳었다!'

윗집에 구급차가 왔다. 알고 보니 할머니께서 마실 나가시다 뱀한테 물리셨단다. 부디 큰일이 아니시길….

날이 지나며 배경은 바뀌는데 옷은 바뀌지 않는다.

지쳤다가 힘이 났다를 반복한다.
외로웠다가 편했다를 반복하다.
복잡했다 단순했다를 반복한다.
혼자만의 시간은 그렇게 흘러간다.

석고보드 마지막 작업.

말없는 목수 네 명이 모든 임무를 완수하고 떠났다. 그래도 정이 들었는데 항상 그러했듯이 무뚝뚝하게 떠나간다.

페인트사장님 통화.
미안하다시며 며칠 시간을 달라하신다. 예정 공사기간이 5일 연장되었다.

옆집 할머님께서 뱀에 물려 퉁퉁 부었던 발을 보여주신다.

뱀은 가을에 독이 바짝 오른다고 한다.

그러면서 하시는 말씀.

"처음 볼 땐 예쁘장하더니 며칠 만에 시골사람 다 됐네...."

거울을 봤다. 나는 자연인이다.

시골에 혼자 있다 보니 참 외롭다는 생각을 많이 하게 된다. 그런데 시골에서 오랜 시간 혼자 살고 계신 노인 분들은 그 외로움을 참 세련되게 관리하시는 듯하다.

전기 사장님이 말도 없이 불현듯 나타나 매입 등 자리와 스위치 코드 자리에 구멍을 내고 계신다.

여기서 건축주가 있고 없고가 차이가 난다.

막상 석고보드까지 다 해놓고 나니 등을 조금씩 옮겨야 한다는 올바른 변덕이 생겼다. 전기 사장님도 옮기는 게 좋다고 하신다. 서로 대화해가며 조금씩 올바른 위치 변동을 한다.

만약 내가 없었더라면 그냥 설계상 위치에 구멍을 뚫었을 것이다. 그리고 다소 이상하더라도 전기 사장님의 잘못은 없게 되는 것이다.

그리고 이런 경우 나중에 건축주 입에서, "아니, 이런 건 제가 말을 안 해도 알아서 옮기셨어야죠"

라는 말이 나오게 된다.

집을 지으며 알아서란 없다. 모든 것을 건축주가 알아야 하고 지시를 내리거나 협의 후 진행해야 하는 것이다.

다시 한 번 강조하지만 알아서란 없다!

너무 힘들고 괴롭고 집짓는 것 때문에 생각할 것도 많고 어지러울 때 누군가에게 기대고 싶어 여기저기 전화를 한다. 그런데 그 사람들은 위로는커녕 오히려 나를 부러워한다. 그리고 많은 사람들이 자신의 꿈을 내가 이루고 있다고들 한다.

이걸 위로 받았다고 해야 하는 것인지?

거의 다 왔다. 마무리만 잘하면 된다. 그동안은 목수 네 명이 작업을 했지만, 이제부터는 서로 다른 등장인물들이 많아져서인지 잡음도 많다. 침착하게 하나씩 해 나가자.

오늘은 집을 짓고 남은 목재를 치우는 날이다.

겨울에 집을 지으면 추위에 몸을 녹이기 위해서 불을 떼기 때문에 폐목재가 남지 않는다고 한다. 그런데 우리 집 현장은 따뜻한 날씨에 집을 지어서 그런지 폐목재가 많이 남았다. 이걸 버리는 것도 다 돈이다. 일부 몰지각한 건축업자는 땅속에 파묻기도 한다. 다행히 우리 집 폐목재는 마을사람이 경운기를 끌고 와서 겨울에 땔감으로 쓰기 위해 다 가져갔다.

사고가 났다. 목재가 조금 남아서 불에 태우려는데 누군가가 무슨 통을 던지면서 여기다 불을 붙이란다. 의심 없이 라이터를 갖다 대자 갑자기 불이 확 타오르며 내 손을 덮쳤다.

알고 보니 본드통이었다.

너무 놀라고 아프다. 본능적으로 병원을 가야 한다는 느낌이 들어 부리나케 차로 뛰어가는데 또다시 누군가가 웃으며, "일루와 수돗물에 씻으면 돼."

기분 탓인지 비아냥거리는 소리로 들리지만, 이런 상태에서 내가 입을 벌리면 지옥 불보다 뜨거운 말들이 나갈 것 같아서 입 꾹 다물고 다치지 않은 왼손으로 운전해서 응급실로 갔다.

젠장, 여기는 응급실이다.

젠장, 젠장, 젠장.

그래도 본드가 얼굴로 튀지 않은 게 천만다행이라고 생각하자. 그래도 젠장 젠장 젠장.

너무 아프다. 진짜 너무 아프다.

 -두 손으로 시작해서 한 손으로
 마무리하다,

가장이 아프니 장모님 포함 전 가족 출동이다.

손이 아프다.

오늘 해야 할 쓰레기 정리는 공사 중에 사귄 동네 후배에게 부탁하고 화상치료를 위해 서울 처갓집으로 왔다.

아침에 밥을 먹는 딸아이 얼굴을 보는데 만약 본드 불이 튄 현장에 내가 혼자 있었기 망정이지…. 상상하기 싫은 생각들이 막 떠오르며 나 혼자 다친 게 행복인 거다.

화상전문병원으로 갔다.

3일 정도 지나봐야 나의 상태를 정확히 알 수 있단다. 치료만으로 끝날 수도 있지만, 상태가 심각하면 피부이식수술을 해야 한단다. 그래도 즐겁다. 거짓말이 아니고 정말 즐겁다.

그 이유는 가족 중에 나만 아프다는 거다.

집을 지으면서 항상 느끼는 거지만 난 참 운이 좋다.

아파도 웃는다. 그 이유는 가장이 웃어야 가족이 웃는다.

병원에 화상부위 드레싱을 하러 왔다. 며칠 간 매일 와야 하는데 하루에 거의 6만 원의 비용이 들어간다.

'아참! 공사 전에 산재보험을 가입해 두었지!'

보상을 받기 위해 전화를 걸었다.

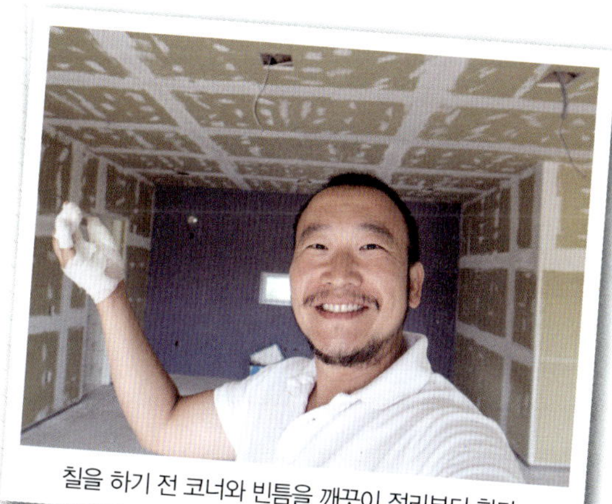

칠을 하기 전 코너와 빈틈을 깨끗이 정리부터 한다.

"공사현장에서 화상을 입었는데 보상해주시죠?"

"근로자이신가요?"

"아니요, 건축주요."

"그럼 안 됩니다."

"……."

오늘부터 3일간 벽칠과 화장실 방수를 한다.

또 문제가 생겼다. 며칠 전 부지정리를 위해 흙이
좀 더 필요해서 부동산 중개인이 필요하면 쓰라고
했던 흙을 퍼와서 썼는데 중개인이 말한 장소가
아닌 다른 장소의 흙을 실수로 퍼왔다.

흙 주인이 경찰을 불렀다.

다행히 중개인이 실수였다며 중간에서 일 처리를
해주셨고 대신 좋은 흙으로 내가 쓴 흙의 서너 배
로 보상해 드렸다.

물론 착각한 나의 잘못이지만 경찰을 부르기 전에
한마디만이라도 나한테 건넸으면 얼마나 좋았을까?

화상전문병원과 내 집짓기 현장을 오가며 집 공사
마무리를 진행하고 있다.

물론, 힘들지만 나를 측은하게 봤는지 와이프의
서비스가 결혼 이후 최고다. 밥도 먹여주고 옷도
입혀주고 심지어 목욕도 시켜준다.

'아픈 건 아픈 거고 즐길 건 즐기자!'

완쾌가 되더라도 가짜 붕대를 며칠 더 할까 생각 중.

집짓기 43일차

오늘까지 내부 칠이 완료된다.

병원에 갔다가 늦게 도착했다. 칠하시는 분들이 철수를 하신다. 혹시나 해서 집안에 들어가보니 화장실 방수를 분명히 사람 어깨 높이까지 해달라고 했는데 바닥만 해놓으셨다. 그리고 칠도 여기저기 내 눈에 보이는 애매한 마무리들이 있다. 제대로 된 시공을 다시 부탁드렸다.

역시 건축주가 있는 것과 없는 건 하늘과 땅 차이!

내가 직접 일을 하진 않지만 두 손으로 하던 걸 한 손으로 하려니 많이 불편하고 속도도 더뎌진다.

무슨 일을 하던지 건강이 최고다. 다시 또다시 강조하지만 건강이 최고!

사람은 건강할 땐 건강해서 행복한 줄 모르고, 즐거울 땐 즐거워서 행복한 줄도 모른다.

행복에 대해 감히 정의 내리고자 한다.

행복이란 내 인생에서 불행하지 않은 모든 순간이다.

내 인생-불행 = 행복

그러니 따지고 보면 우리는 매순간 행복한 것이고
지금껏 난 그걸 모르고 살았고 아픈 손이 깨닫게
해주었다.

하얗다! 벽칠 완료.

집짓기 | 44일차

바닥을 깔아볼까….

마루 까는 날.

집짓는 동안 세상 모르게 푹 잔 날이 거의 없는 것 같다.

걱정 또 걱정 그냥 걱정이다. 답답한 마음에 돌파구를 찾으려 해도 그 앞에 엄청난 양의 걱정이 문을 가로막고 있다.

늦여름에 동네 길을 걷다보면 날파리부터 모기, 하루살이들이 나에게 떼로 덤벼든다. 귀찮은 벌레들의 해결책은 바로 뛰는 것이다. 그것도 아주 빠르게.

'걱정도 내가 더 빠르게 달리면 없어지려나?'

타일공사.

타일도 마찬가지로 어디서부터 어디까지 해야 하는지 건축주가 직접 이야기 해주어야 한다.

전에도 언급했듯이 내 집짓기에서 돈 주고 일을 시키는 입장이지만 알아서란 없다. 그리고 전화로 말하면 자칫 서로의 머리에 서로 다른 그림이 그려지기 때문에 내가 생각한 그림이 안 나올 수도 있다. 가급적이면 현장에 있는 것이 정답이다.

계획상으론 오늘이 완공인데 이래저래 사건사고도 많았기에 며칠 더 늘어날 예정이다.

정화조 담당하시는 분이 연락이 안 된다. 알고 보니 이유 없이 머리가 아프셔서 입원을 했단다. 이래저래 스트레스가 많은 날이다.

이런 질문도 받는다.

"자기 집짓는 건데 무슨 스트레스냐?"

난 대답한다.

"너도 해 봐!"

집을 지으며 순서가 살짝 엇갈렸다.
내가 한 순서는, 벽-바닥-타일-싱크대 순서인
데, 해보니 가장 이상적인 순서는 벽-타일-바
닥-싱크대 순서이다. 이 순서로 해야지 가장 바닥
에 상처가 덜 간다.

화장실 타일공사 중.

군 시절 가장 힘든 게 바로 검열이었다.

내가 있던 부대의 대빵이 '소령'이라 '소령' 이상만 떴다하면 비상상황이 발생하며 매일같이 공구리 치고 풀 깎고 페인트칠을 하곤 했다.

내 집짓기 현장에도 드디어 검열이 떴다. 이름 하여 내무부장관 불시검열!

집짓기 46일 만에 처음으로 마누라가 딸내미와 함께 현장에 온 것이다.

사실, 그동안 암담한 현장을 보여주기 싫었기에 가족들의 방문을 금지시켰다. 그런데 불시검열이 뜬 것이다.

오늘로써 타일도 다 붙이고 이제 실내에 남은 건 싱크대와 조명 뿐.

검열이 끝나고 내무부장관의 말씀….

"여보, 고생 많았어. 그리고 참 마음에 들어."

오랜만에 가족끼리 맛있는 것도 먹고 멋진 데이트도 즐겼다.

그리고 현장으로 돌아오니 타일 붙이는 분과 나와의 사인이 또 어긋났다.

내가 원하는 위치와 다르게 타일을 붙이셨다. 이럴 때 본인의 잘못보다 서로의 탓을 하게 되어 있다.

그래, 내가 잘못 설명했다고 하고, 돌아가시던 타일 사장님을 불러 굽실굽실 넙죽넙죽 거리며 다시 부탁을 해서 내 생각대로 붙였다.

역시 현장에는 건축주가 꼭! 꼭! 꼭! 있어야 하고 어떤 공정이던 간에 끝이 나자마자 바로 확인을 꼼꼼하게 해야 하는 것이다.

이 순간을 위해 난 그렇게 달려온 것 같다.

내 집짓기를 마무리하며….

뿌듯하다.

다들 미쳤다고 했던 걸 도전할 때,

다들 틀렸다고 했던 걸 증명할 때,

다들 안 된다고 했던 걸 해냈을 때,

"뿌듯하다"라는 말이 자연스레 나온다.

내 집은 다 지었지만 주변 조경과 데크공사 등 여러 가지 일들이 많이 남은 상태다. 일하는 동안 쉬지 않고 달렸기에 숨을 돌리며 천천히 진행할 예정이다.

그동안 집을 짓는 나의 삶이 많은 사람들의 삶에 반영이 된 듯하다. 일단, SNS를 통해 많은 사람들이 끊임없는 문의를 하고 연예인을 비롯해 많은 사람들이 공사현장을 직접 방문했다.

심지어 십여 년간 남들이 부러워할 정도로 장사가 잘되는 음식점을 운영 중인 장모님이 이번 겨울에 나를 따라 시골생활을 하기 위해 가게를 접을 예정이라고 하신다. 그리고 학창시절부터 간절히 배우고 싶었던 미용기술을 배워서 시골에서 혼자 운영할 수 있는 작은 미용실을 하고 싶다고 하신다. 그동안 손님으로 북적거려 쉬지도 못하고 복잡했던 현실을 떠나 본인이 열고 싶으면 열고 쉬고 싶으면 쉬는 그런 일을 하시며 진정한 자신만의 삶을 살겠다는 것이다.

돈을 더 벌 수 있는 일을 하는 것이 옳다고 생각하는 사람도 있겠지만 나는 장모님이 더 행복해 할 수 있는 일을 하는 게 좋다고 생각한다.

강화도에서 유명한 것 중에 하나가 바로 순무다.
그런데 순무는 토종이 아니라 100년 전 즈음에 영
국에서 들어와 강화의 볕을 받고 해풍을 맞으며
색도 보라색으로 바뀌며 맛도 좋고 몸에도 좋은
강화 순무가 탄생된 것이라고 한다.
우리 가족도 강화도로 들어가 새로운 품종으로 바
뀐 순무처럼 더욱더 발전하고 행복할 것이다.
지금도 주저한다면 나는 자신 있게 추천한다.

시골로 GO !!!

Thanks to

Special thx

To me

Thanks to….

강화도 낙지를 제대로 낚아 올린 도서출판 밀알의 최검열 대표님, 최상경 이사님, 센스대박 비앙스가구 박성연 대표, 가족 같은 동생 아이홈가구 김민호 대표와 길순씨 가족, 항상 고마운 개그맨 후배이자 치과의사 김영삼, 내 fire ball 친구 정형외과의사 홍승환, 자신의 직업을 비밀로 해달라는 이동주, 내가 부르면 언제나 달려오는 소창호, 멋진 조명 하우스홈데코 안응순 대표, 인테리어계의 거장 아일어소시에이츠 우성민 대표, 몸과 맘이 건강한 카리브 김강준 대표, 대한민국 최고 가죽장인 베르느제작소 안병웅 대표, 나 때문에 형제가 고생한 줄행타일가구, 인기 없는 연예인 싸인 받고 좋아해주신 DS벽지 김대훈 대표, 스타일짱

김포스타일창 김성호 대표, 대한민국 A급 목수 오상준 팀장, 안정서 목수, 오상철 목수, 양진홍 목수, 강화도 대표 공인중개사 구자옥 대표님, 술 마시면 웃는 얼굴로 30프로만 기억하는 한결부동산 이장욱 대표님, 강화도 정착을 도와준 환경지킴이 권상필, 심심할 때 산속에서 친구가 되어주신 산주인 박노원 사장님, 그리고 고마운 개그맨 동료들 권영찬 선배, 전효실 선배, 고명환 선배, 강남영 누나, 황봉알 선배, 박준형 선배, 박성호 선배, 김완기 후배, 섹쉬 최강 김안 작가, 어부가 되고픈 SBS선임아나운서 김정일 선배님, 친구 같은 형 이정근 선배님, 사진학개론팀, 소녀감성 김경만 감독님, 정의당 김우현PD, 남대문 고라니 임성재, 자전거로 하나 되는 플러스비 강서점 강동점 이창훈 대표님, 소니빠 오현택, 캐논빠 최진성, 남친급한 옥진주, 다따버릴 김조이, 편의점 밥을 선물해준 박찬목 포토그래퍼, 보급품을 보내준 이경진, 셀카봉과 라면을 보내준 서울고 후배 김형석, 집짓는 동안 루씨를 봐주신 지아할아버지 할머니, 그리고 따뜻한 이웃 딸 아홉집, 모든 가족분들, 공사하는 동안 좋아요 눌러주고 공감해준 페북친구들 감사합니다.

Special thx…·.

예쁜 외할머니, 건강 좀 챙겨야 할 아빠, 엄마, 외삼촌, 형, 형수, 사춘기 성윤, 오춘기 성훈, 앙칼진 동생, 그래도 즐거운 조군, 그리고 잘 자라는 두 조카, 고마운 경민이네 외할아버지, 외할머니, 말할 수 없이 고마운 장인장모님, 학계에 보고된 적 없는 성격의 소유자 만나 7년간 당황해하는 내 마누라, 누나의 그늘에서도 키는 잘 자란 처남, 내가 있어 네가 행복한 게 아니라 네가 있어 내가 행복한 걸 알게 해준 내 딸 채린이.

가족 모두
감사드립니다.

　　　　　아무도 없는 곳에서 혼자 일사병으로 오락가락
해가며 컵라면으로 끼니를 때우고 손에 심한 화상 입어가며,
롤러코스터 타는 듯한 심리상태 잘 추스르고 거친 사내들과
맨몸으로 부딪히면서 제대로 맨땅에 헤딩한 내 자신아, 끝까지
잘 해냈구나!
이제는 조용한 시골 풍경을 바라보며 마누라가
구워주는 오징어에 시원한
맥주 한 잔 하거라!